电工工艺技能实训

主编　尤海峰　尤晓萍
主审　陈明慧

中国水利水电出版社
www.waterpub.com.cn

内 容 提 要

本书是以体现高职教育为特色，以培养应用型人才为编写宗旨，着重于电工作业技能而编写的实训指导。本书分为四个模块，主要内容有电工安全基础知识、电工技能基础知识、室内低压照明电路安装知识、低压电机拖动安装知识。

本书内容重点突出、逻辑性强、层次分明、图例丰富，可作为高职高专院校、应用型本科院校机电一体化、电气自动化、建筑电气等非电力类专业的实训教材，也可作为职业技能培训教材，还可作为从事电工技术的人员自学以及相关工程技术人员的参考用书。

图书在版编目（ＣＩＰ）数据

电工工艺技能实训 / 尤海峰，尤晓萍主编. -- 北京：
中国水利水电出版社，2016.6
ISBN 978-7-5170-4330-0

Ⅰ．①电… Ⅱ．①尤… ②尤… Ⅲ．①电工技术－高
等职业教育－教材 Ⅳ．①TM

中国版本图书馆CIP数据核字(2016)第121852号

书　　　名	**电工工艺技能实训**
作　　　者	主编　尤海峰　尤晓萍　　主审　陈明慧
出版发行	中国水利水电出版社
	（北京市海淀区玉渊潭南路 1 号 D 座　100038）
	网址：www. waterpub. com. cn
	E - mail：sales@ waterpub. com. cn
	电话：(010) 68367658（发行部）
经　　　售	北京科水图书销售中心（零售）
	电话：(010) 88383994、63202643、68545874
	全国各地新华书店和相关出版物销售网点
排　　　版	中国水利水电出版社微机排版中心
印　　　刷	北京纪元彩艺印刷有限公司
规　　　格	184mm×260mm　16 开本　13.25 印张　314 千字
版　　　次	2016 年 6 月第 1 版　2016 年 6 月第 1 次印刷
印　　　数	0001—3000 册
定　　　价	**36.00 元**

凡购买我社图书，如有缺页、倒页、脱页的，本社发行部负责调换

前言 *Qian Yan*

本书为了适应机电专业以及非电力专业的技能需要，坚持以实用性为原则，将电工安全基础知识、电工技能基础知识、室内低压照明电路安装知识和低压电机拖动安装知识四部分内容较好地结合起来。在编写形式上力求探索一种"讲、练"一体化的教材模式，以尽可能适应教师精讲、学生多练、"能力本位"的教学方式的需要，形成更实用、更具有操作性的技能实练图书，使读者能活学活用，在较短时间的学习中将技能应用到工作中去。

本书内容新颖、丰富，技术更加实用，内容包括电工安全基础知识、电工技能基础知识、室内低压照明电路安装知识和低压电机拖动员安装知识等。本书内容联系实际，使读者能掌握电工操作最基本的技能，努力提高自身技术，适应当今社会快节奏现代化建设的要求，并在实践中得到完善，从而成为社会急需的高技能人才。

本书由福建电力职业技术学院尤海峰高级技师和厦门大学嘉庚学院尤晓萍讲师编写。其中模块一至模块三由尤海峰编写，模块四由尤晓萍编写，全书由尤海峰统稿。本书由福建电力职业技术学院陈明慧主审，在此致以诚挚的谢意。本书在编写过程中参考了一些有关专业文献，编者在此表示衷心感谢。

由于编者水平有限，书中错误和不妥之处敬请读者批评指正。

作者

2016 年 3 月

目录 *MuLu*

模块一
电工安全基础知识

学习目标：

· 掌握电工作业的安全操作规程。

· 掌握触电知识以及心肺复苏操作。

· 了解常见的急救知识及操作。

知识点一　电气安规及电工安全知识

　　安全生产是一个企业综合素质的反映，是对每一个管理人员和职工管理水平的检验。由于电工作为一种特殊工种，安全要求有其不同于其他工作的特殊性，要搞好安全生产，学习《电工安全操作规程》是必不可少的一环。《电工安全工作规程》是依据各种安全管理制度、安全法律法规、操作规程等员工必须遵守的安全行为而设置的行为规范准则，是电工作者用生命和鲜血写成的工作总结，是电力安全生产的基石。

　　以下为发电厂及变电站电气安全规程，引自国家电网《电力安全工作规程：发电厂和变电站电气部分》。

一、总则

　　（1）为加强电力生产现场管理，规范各类工作人员的行为，保证人身、电网和设备安全，依据国家有关法律、法规，结合电力生产的实际制定本规程。

　　（2）作业现场的基本条件。

　　1）作业现场的生产条件和安全设施等应符合有关标准、规范的要求，工作人员的劳动防护用品应合格、齐备。

　　2）经常有人工作的场所及施工车辆上宜配备急救箱，存放急救用品，并应指定专人经常检查、补充或更换。

　　3）现场使用的安全工、器具应合格并符合有关要求。

　　4）各类作业人员应被告知其作业现场和工作岗位存在的危险因素、防范措施及事故紧急处理措施。

　　（3）作业人员的基本条件。

　　1）经医师鉴定，无妨碍工作的病症（体格检查每两年至少一次）。

　　2）具备必要的电气知识和业务技能，且按工作性质，熟悉本规程的相关部分，并经考试合格。

　　3）具备必要的安全生产知识，学会紧急救护法，特别要学会触电急救。

　　（4）教育和培训。

　　1）各类作业人员应接受相应的安全生产教育和岗位技能培训，经考试合格上岗。

　　2）作业人员对本规程应每年考试一次。因故间断电气工作连续3个月以上者，应重新学习本规程，并经考试合格后方能恢复工作。

　　3）新参加电气工作的人员、实习人员和临时参加劳动的人员（管理人员、临时工等），应经过安全知识教育后，方可下现场参加指定的工作，并且不得单独工作。

　　4）外单位承担或外来人员参与公司系统电气工作的工作人员应熟悉本规程，并经考试合格方可参加工作。工作前，设备运行管理单位应告知现场电气设备接线情况、危险点和安全注意事项。

（5）任何人发现有违反本规程的情况，应立即制止，经纠正后才能恢复作业。各类作业人员有权拒绝违章指挥和强令冒险作业；在发现直接危及人身、电网和设备安全的紧急情况时，有权停止作业或者在采取可能的紧急措施后撤离作业场所，并立即报告。

（6）在试验和推广新技术、新工艺、新设备、新材料的同时，应制定相应的安全措施，经本单位总工程师批准后执行。

（7）电气设备分为高压和低压两种：

1）高压电气设备：对地电压在1000V及以上者。

2）低压电气设备：对地电压在1000V以下者。

（8）本规程适用于运用中的发、输、变、配电和用户电气设备上的工作人员（包括基建安装、农电人员），其他单位和相关人员参照执行。

运用中的电气设备，系指全部带有电压、一部分带有电压或一经操作即带有电压的电气设备。

各单位可根据现场情况制定本规程补充条款和实施细则，经本单位主管生产的领导（总工程师）批准后执行。

二、高压设备工作的基本要求

1. 一般安全要求

（1）运行人员应熟悉电气设备。单独值班人员或运行值班负责人还应有实际工作经验。

（2）高压设备符合下列条件者，可由单人值班或单人操作：

1）室内高压设备的隔离室设有遮栏，遮栏的高度在1.7m以上，安装牢固并加锁者。

2）室内高压断路器（开关）的操动机构（操作机构）用墙或金属板与该断路器（开关）隔离或装有远方操动机构（操作机构）者。

（3）无论高压设备是否带电，工作人员不得单独移开或越过遮栏进行工作；若有必要移开遮栏时，应有监护人在场，并符合表1-1的安全距离。

表1-1　　　　　　　　　　设备不停电时的安全距离

电压等级/kV	10及以下（13.8）	20、35	63（66）、110	220	330	500
安全距离/m	0.70	1.00	1.50	3.00	4.00	5.00

注：表中未列电压按高一挡电压等级的安全距离。

（4）10kV、20kV、35kV配电装置的裸露部分在跨越人行过道或作业区时，若导电部分对地高度分别小于2.7m、2.8m、2.9m，该裸露部分两侧和底部须装设护网。

（5）户外35kV及以上高压配电装置场所的行车通道上，应根据表1-2设置行车安全限高标志。

表1-2　　　　车辆（包括装载物）外廓至无遮栏带电部分之间的安全距离

电压等级/kV	35	63（66）	110	220	330	500
安全距离/m	1.15	1.40	1.65（1.75注）	2.55	3.25	4.55

注：括号内数字为110kV中性点不接地系统所使用。

（6）室内母线分段部分、母线交叉部分及部分停电检修易误碰有电设备的，应设有明显标志的永久性隔离挡板（护网）。

（7）待用间隔（母线连接排、引线已接上母线的备用间隔）应有名称、编号，并列入调度管辖范围。其隔离开关（刀闸）操作手柄、网门应加锁。

（8）在手车开关拉出后，应观察隔离挡板是否可靠封闭。封闭式组合电器引出电缆备用孔或母线的终端备用孔应用专用器具封闭。

（9）运行中的高压设备其中性点接地系统的中性点应视作带电体。

2．高压设备的巡视

（1）经本单位批准允许单独巡视高压设备的人员巡视高压设备时，不得进行其他工作，不得移开或越过遮栏。

（2）雷雨天气，需要巡视室外高压设备时，应穿绝缘靴，并不得靠近避雷器和避雷针。

（3）火灾、地震、台风、洪水等灾害发生时，如要对设备进行巡视时，应得到设备运行管理单位有关领导批准，巡视人员应与派出部门之间保持通信联络。

（4）高压设备发生接地时，室内不得接近故障点4m以内，室外不得接近故障点8m以内。进入上述范围人员应穿绝缘靴，接触设备的外壳和构架时，应戴绝缘手套。

（5）巡视配电装置，进出高压室，应随手关门。

（6）高压室的钥匙至少应有3把，由运行人员负责保管，按值移交。一把专供紧急时使用，一把专供运行人员使用，其他可以借给经批准的巡视高压设备人员和经批准的检修、施工队伍的工作负责人使用，但应登记签名，巡视或当日工作结束后交还。

3．倒闸操作

（1）倒闸操作应根据值班调度员或运行值班负责人的指令。受令人复诵无误后执行。发布指令应准确、清晰，使用规范的调度术语和设备双重名称，即设备名称和编号。发令人和受令人应先互报单位和姓名，发布指令的全过程（包括对方复诵指令）和听取指令的报告时双方都要录音并做好记录。操作人员（包括监护人）应了解操作目的和操作顺序。对指令有疑问时应向发令人询问清楚无误后执行。

（2）倒闸操作可以通过就地操作、遥控操作、程序操作完成。遥控操作、程序操作的设备应满足有关技术条件。

（3）倒闸操作的分类。

1）监护操作：由两人进行同一项的操作。

监护操作时，其中一人对设备较为熟悉者做监护。特别重要和复杂的倒闸操作，由熟练的运行人员操作，运行值班负责人监护。

2）单人操作：由一人完成的操作。

a．单人值班的变电站操作时，运行人员根据发令人用电话传达的操作指令填用操作票，复诵无误。

b．实行单人操作的设备、项目及运行人员需经设备运行管理单位批准，人员应通过专项考核。

3）检修人员操作：由检修人员完成的操作。

a. 经设备运行管理单位考试合格、批准的本企业的检修人员，可进行 220kV 及以下的电气设备由热备用至检修或由检修至热备用的监护操作，监护人应是同一单位的检修人员或设备运行人员。

b. 检修人员进行操作的接、发令程序及安全要求应由设备运行管理单位总工程师（技术负责人）审定，并报相关部门和调度机构备案。

（4）操作票。

1）倒闸操作由操作人员填用操作票。

2）操作票应用钢笔或圆珠笔逐项填写。用计算机开出的操作票应与手写格式一致；操作票票面应清楚整洁，不得任意涂改。操作人和监护人应根据模拟图或接线图核对所填写的操作项目并分别签名，然后经运行值班负责人（检修人员操作时由工作负责人）审核签名。每张操作票只能填写一个操作任务。

3）下列项目应填入操作票内：

a. 应拉合的设备〔断路器（开关）、隔离开关（刀闸）、接地刀闸等〕，验电，装拆接地线，安装或拆除控制回路或电压互感器回路的熔断器，切换保护回路和自动化装置及检验是否确无电压等。

b. 拉合设备〔断路器（开关）、隔离开关（刀闸）、接地刀闸等〕后检查设备的位置。

c. 进行停、送电操作时，在拉、合隔离开关（刀闸），手车式开关拉出、推入前，检查断路器（开关）确在分闸位置。

d. 在进行倒负荷或解、并列操作前后，检查相关电源运行及负荷分配情况。

e. 设备检修后合闸送电前，检查送电范围内接地刀闸已拉开，接地线已拆除。

4）操作票应填写设备的双重名称。

（5）倒闸操作的基本条件。

1）有与现场一次设备和实际运行方式相符的一次系统模拟图（包括各种电子接线图）。

2）操作设备应具有明显的标志，包括命名、编号、分合指示、旋转方向、切换位置的指示及设备相色等。

3）高压电气设备都应安装完善的防误操作闭锁装置。防误操作闭锁装置不得随意退出运行，停用防误操作闭锁装置应经本单位总工程师批准；短时间退出防误操作闭锁装置时，应经变电站站长或发电厂当班值长批准，并应按程序尽快投入。

4）有值班调度员、运行值班负责人正式发布的指令（规范的操作术语），并使用经事先审核合格的操作票。

5）下列 3 种情况应加挂机械锁：

a. 未装防误操作闭锁装置或闭锁装置失灵的隔离开关（刀闸）手柄和网门。

b. 当电气设备处于冷备用且网门闭锁失去作用时的有电间隔网门。

c. 设备检修时，回路中的各来电侧隔离开关（刀闸）操作手柄和电动操作隔离开关（刀闸）机构箱的箱门。

机械锁要一把钥匙开一把锁，钥匙要编号并妥善保管。

（6）倒闸操作的基本要求。

1）停电拉闸操作应按照断路器（开关）→负荷侧隔离开关（刀闸）→电源侧隔离开关（刀闸）的顺序依次进行，送电合闸操作应按与上述相反的顺序进行。严禁带负荷拉合隔离开关（刀闸）。

2）开始操作前，应先在模拟图（或微机防误装置、微机监控装置）上进行核对性模拟预演，无误后再进行操作。操作前应先核对设备名称、编号和位置，操作中应认真执行监护复诵制度（单人操作时也应高声唱票），宜全过程录音。操作过程中应按操作票填写的顺序逐项操作。每操作完一步，应检查无误后做一个"√"记号，全部操作完毕后进行复查。

3）监护操作时，操作人在操作过程中不得有任何未经监护人同意的操作行为。

4）操作中发生疑问时，应立即停止操作并向发令人报告。待发令人再行许可后，方可进行操作。不准擅自更改操作票，不准随意解除闭锁装置。解锁工具（钥匙）应封存保管，所有操作人员和检修人员严禁擅自使用解锁工具（钥匙）。若遇特殊情况，应经值班调度员、值长或站长批准，方能使用解锁工具（钥匙）。单人操作、检修人员在倒闸操作过程中严禁解锁。如需解锁，应待增派运行人员到现场后，履行批准手续后处理。解锁工具（钥匙）使用后应及时封存。

5）用绝缘棒拉合隔离开关（刀闸）或经传动机构拉合断路器（开关）和隔离开关（刀闸），均应戴绝缘手套。雨天操作室外高压设备时，绝缘棒应有防雨罩，还应穿绝缘靴。接地网电阻不符合要求的，晴天也应穿绝缘靴。雷电时，一般不进行倒闸操作，禁止在就地进行倒闸操作。

6）装卸高压熔断器，应戴护目眼镜和绝缘手套，必要时使用绝缘夹钳，并站在绝缘垫或绝缘台上。

7）断路器（开关）遮断容量应满足电网要求。如遮断容量不够，应将操动机构（操作机构）用墙或金属板与该断路器（开关）隔开，应进行远方操作，重合闸装置应停用。

8）电气设备停电后（包括事故停电），在未拉开有关隔离开关（刀闸）和做好安全措施前，不得触及设备或进入遮栏，以防突然来电。

9）单人操作时不得进行登高或登杆操作。

10）电气设备操作后的位置检查应以设备实际位置为准，无法看到实际位置时，可通过设备机械位置指示、电气指示、仪表及各种遥测、遥信信号的变化，且至少应有两个及以上指示已同时发生对应变化，才能确认该设备已操作到位。

11）在发生人身触电事故时，为了抢救触电人，可以不经许可，即行断开有关设备的电源，但事后应立即报告调度和上级部门。

（7）下列各项工作可以不用操作票：

1）事故应急处理。

2）拉合断路器（开关）的单一操作。

3）拉开或拆除全站（厂）唯一的一组接地刀闸或接地线。

上述操作在完成后应做好记录，事故应急处理应保存原始记录。

（8）同一变电站的操作票应事先连续编号，计算机生成的操作票应在正式出票前连续编号。操作票按编号顺序使用。作废的操作票，应注明"作废"字样，未执行的应注明

"未执行"字样，已操作的应注明"已执行"字样。操作票应保存一年。

4. 高压设备上工作

（1）在运用中的高压设备上工作，分为三类：

1）全部停电的工作，系指室内高压设备全部停电（包括架空线路与电缆引入线在内），并且通至邻接高压室的门全部闭锁，以及室外高压设备全部停电（包括架空线路与电缆引入线在内）。

2）部分停电的工作，系指高压设备部分停电，或室内虽全部停电，而通至邻接高压室的门并未全部闭锁。

3）不停电工作系指：

a. 工作本身不需要停电并且没有偶然触及导电部分的危险。

b. 许可在带电设备外壳上或导电部分上进行的工作。

（2）在高压设备上工作，应至少由两人进行，并完成保证安全的组织措施和技术措施。

三、保证安全的组织措施

1. 电气设备上安全工作的组织措施

（1）工作票制度。

（2）工作许可制度。

（3）工作监护制度。

（4）工作间断、转移和终结制度。

2. 工作票制度

（1）在电气设备上的工作，应填用工作票或事故应急抢修单，其方式有下列6种：

1）填用变电站（发电厂）第一种工作票。

2）填用电力电缆第一种工作票。

3）填用变电站（发电厂）第二种工作票。

4）填用电力电缆第二种工作票。

5）填用变电站（发电厂）带电作业工作票。

6）填用变电站（发电厂）事故应急抢修单。

（2）填用第一种工作票的工作。

1）高压设备上工作需要全部停电或部分停电者。

2）二次系统和照明等回路上的工作，需要将高压设备停电者或做安全措施者。

3）高压电力电缆需停电的工作。

4）其他工作需要将高压设备停电或要做安全措施者。

（3）填用第二种工作票的工作。

1）控制盘和低压配电盘、配电箱、电源干线上的工作。

2）转动中的发电机、同期调相机的励磁回路或高压电动机转子电阻回路上的工作。

3）非运行人员用绝缘棒和电压互感器定相或用钳型电流表测量高压回路的电流。

4）大于表1-1距离的相关场所和带电设备外壳上的工作以及无可能触及带电设备导电部分的工作。

5）高压电力电缆不需停电的工作。

（4）填用带电作业工作票的工作。带电作业或与邻近带电设备距离小于表1-1规定的工作。

（5）填用事故应急抢修单的工作。事故应急抢修可不用工作票，但应使用事故应急抢修单。

（6）工作票的填写与签发。

1）工作票应使用钢笔或圆珠笔填写与签发，一式两份，内容应正确、清楚，不得任意涂改。如有个别错、漏字需要修改，应使用规范的符号，字迹应清楚。

2）用计算机生成或打印的工作票应使用统一的票面格式，由工作票签发人审核无误，手工或电子签名后方可执行。

工作票一份应保存在工作地点，由工作负责人收执；另一份由工作许可人收执，按值移交。工作许可人应将工作票的编号、工作任务、许可及终结时间记入登记簿。

3）一张工作票中，工作票签发人、工作负责人和工作许可人三者不得互相兼任。工作负责人可以填写工作票。

4）工作票由设备运行管理单位签发，也可由经设备运行管理单位审核且经批准的修试及基建单位签发。修试及基建单位的工作票签发人及工作负责人名单应事先送有关设备运行管理单位备案。第一种工作票在工作票签发人认为必要时可采用总工作票、分工作票，并同时签发。总工作票、分工作票的填用、许可等有关规定由单位主管生产的领导（总工程师）批准后执行。

5）供电单位或施工单位到用户变电站内施工时，工作票应由有权签发工作票的供电单位、施工单位或用户单位签发。

（7）工作票的使用。

1）一个工作负责人只能发给一张工作票，工作票上所列的工作地点，以一个电气连接部分为限。

如施工设备属于同一电压、位于同一楼层，同时停、送电，且不会触及带电导体时，则允许在几个电气连接部分使用一张工作票。

开工前工作票内的全部安全措施应一次完成。

2）若一个电气连接部分或一个配电装置全部停电，则所有不同地点的工作，可以发给一张工作票，但要详细填明主要工作内容。几个班同时进行工作时，工作票可发给一个总的负责人，在工作班成员栏内，只填明各班的负责人，不必填写全部工作人员名单。

若至预定时间，一部分工作尚未完成，需继续工作而不妨碍送电者，在送电前，应按照送电后现场设备带电情况，办理新的工作票，布置好安全措施后方可继续工作。

3）在几个电气连接部分上依次进行不停电的同一类型的工作，可以使用一张第二种工作票。

4）在同一变电站或发电厂升压站内，依次进行的同一类型的带电作业可以使用一张带电作业工作票。

5）持线路或电缆工作票进入变电站或发电厂升压站进行架空线路、电缆等工作，应增填工作票份数，工作负责人应将其中一份工作票交变电站或发电厂工作许可人许可工作。

上述单位的工作票签发人和工作负责人名单应事先送有关运行单位备案。

6）需要变更工作班成员时，须经工作负责人同意，在对新工作人员进行安全交底手续后方可进行工作。非特殊情况不得变更工作负责人，如确需变更工作负责人，应由工作票签发人同意并通知工作许可人，工作许可人将变动情况记录在工作票上。工作负责人允许变更一次。原、现工作负责人应对工作任务和安全措施进行交接。

7）在原工作票的停电范围内增加工作任务时，应由工作负责人征得工作票签发人和工作许可人同意，并在工作票上增填工作项目。若需变更或增设安全措施者应填用新的工作票，并重新履行工作许可手续。

8）变更工作负责人或增加工作任务，如工作票签发人无法当面办理，应通过电话联系，并在工作票登记簿和工作票上注明。

9）第一种工作票应在工作前一日预先送达运行人员，可直接送达或通过传真、局域网传送，但传真的工作票许可应待正式工作票到达后履行。临时工作可在工作开始前直接交给工作许可人。

第二种工作票和带电作业工作票可在进行工作的当天预先交给工作许可人。

10）工作票有破损不能继续使用时，应补填新的工作票。

（8）工作票的有效期与延期。

1）第一、第二种工作票和带电作业工作票的有效时间，以批准的检修期为限。

2）第一、第二种工作票需办理延期手续，应在工期尚未结束以前由工作负责人向运行值班负责人提出申请（属于调度管辖、许可的检修设备，还应通过值班调度员批准），由运行值班负责人通知工作许可人给予办理。第一、第二种工作票只能延期一次。

（9）工作票所列人员的基本条件。工作票的签发人应是熟悉人员技术水平、熟悉设备情况、熟悉本规程，并具有相关工作经验的生产领导人、技术人员或经本单位主管生产领导批准的人员。工作票签发人员名单应书面公布。

工作负责人应是具有相关工作经验，熟悉设备情况、熟悉工作班人员工作能力和本规程，经工区（所、公司）生产领导书面批准的人员。

工作许可人应是经工区（所、公司）生产领导书面批准的有一定工作经验的运行人员或经批准的检修单位的操作人员（进行该工作任务操作及做安全措施的人员）；用户变、配电站的工作许可人应是持有效证书的高压电工。

专责监护人应是具有相关工作经验、熟悉设备情况和本规程的人员。

（10）工作票所列人员的安全责任。

1）工作票签发人。

a. 工作必要性和安全性。

b. 工作票上所填安全措施是否正确、完备。

c. 所派工作负责人和工作班人员是否适当和充足。

2）工作负责人（监护人）。

a. 正确、安全地组织工作。

b. 负责检查工作票所列安全措施是否正确完备和工作许可人所做的安全措施是否符

合现场实际条件，必要时予以补充。

c. 工作前对工作班成员进行危险点告知，交代安全措施和技术措施，并确认每一个工作班成员都已知晓。

d. 严格执行工作票所列安全措施。

e. 督促、监护工作班成员遵守本规程，正确使用劳动防护用品和执行现场安全措施。

f. 工作班成员精神状态是否良好、变动是否合适。

3）工作许可人。

a. 负责审查工作票所列安全措施是否正确、完备，是否符合现场条件。

b. 工作现场布置的安全措施是否完善，必要时予以补充。

c. 负责检查检修设备有无突然来电的危险。

d. 对工作票所列内容即使发生很小疑问，也应向工作票签发人询问清楚，必要时应要求作详细补充。

4）专责监护人。

a. 明确被监护人员和监护范围。

b. 工作前对被监护人员交代安全措施，告知危险点和安全注意事项。

c. 监督被监护人员遵守本规程和现场安全措施，及时纠正不安全行为。

5）工作班成员。

a. 熟悉工作内容、工作流程，掌握安全措施，明确工作中的危险点，并履行确认手续。

b. 严格遵守安全规章制度、技术规程和劳动纪律，对自己在工作中的行为负责，互相关心工作安全，并监督本规程的执行和现场安全措施的实施。

c. 正确使用安全工、器具和劳动防护用品。

3. 工作许可制度

（1）工作许可人在完成施工现场的安全措施后，还应完成以下手续，工作班方可开始工作。

1）会同工作负责人到现场再次检查所做的安全措施，对具体的设备指明实际的隔离措施，证明检修设备确无电压。

2）对工作负责人指明带电设备的位置和工作过程中的注意事项。

3）和工作负责人在工作票上分别确认、签名。

（2）运行人员不得变更有关检修设备的运行接线方式。工作负责人、工作许可人任何一方不得擅自变更安全措施，工作中如有特殊情况需要变更时，应先取得对方的同意。变更情况及时记录在值班日志内。

4. 工作监护制度

（1）工作票许可手续完成后，工作负责人、专责监护人应向工作班成员交代工作内容、人员分工、带电部位和现场安全措施，进行危险点告知，并履行确认手续，工作班方可开始工作。工作负责人、专责监护人应始终在工作现场，对工作班人员的安全认真监护，及时纠正不安全的行为。

（2）所有工作人员（包括工作负责人）不许单独进入、滞留在高压室内和室外高压设备区内。

若工作需要（如测量极性、回路导通试验等），而且现场设备允许时，可以准许工作班中有实际经验的一个人或几人同时在它室进行工作，但工作负责人应在事前将有关安全注意事项予以详尽的告知。

（3）工作负责人在全部停电时，可以参加工作班工作。在部分停电时，只有在安全措施可靠，人员集中在一个工作地点，不致误碰有电部分的情况下方能参加工作。

工作票签发人或工作负责人，应根据现场的安全条件、施工范围、工作需要等具体情况，增设专责监护人和确定被监护的人员。

专责监护人不得兼做其他工作。专责监护人临时离开时，应通知被监护人员停止工作或离开工作现场，待专责监护人回来后方可恢复工作。

（4）工作期间，工作负责人若因故暂时离开工作现场时，应指定能胜任的人员临时代替，离开前应将工作现场交代清楚，并告知工作班成员。原工作负责人返回工作现场时，也应履行同样的交接手续。

若工作负责人应长时间离开工作现场时，应由原工作票签发人变更工作负责人，履行变更手续，并告知全体工作人员及工作许可人。原、现工作负责人应做好必要的交接。

5．工作间断、转移和终结制度

（1）工作间断时，工作班人员应从工作现场撤出，所有安全措施保持不动，工作票仍由工作负责人执存，间断后继续工作，无需通过工作许可人。每日收工，应清扫工作地点，开放已封闭的通路，并将工作票交回运行人员。次日复工时，应得到工作许可人的许可，取回工作票，工作负责人应重新认真检查安全措施是否符合工作票的要求，并召开现场站班会后方可工作。若无工作负责人或专责监护人带领，工作人员不得进入工作地点。

（2）在未办理工作票终结手续以前，任何人员不准将停电设备合闸送电。

在工作间断期间，若有紧急需要，运行人员可在工作票未交回的情况下合闸送电，但应先通知工作负责人，在得到工作班全体人员已经离开工作地点、可以送电的答复后方可执行，并应采取下列措施。

1）拆除临时遮栏、接地线和标示牌，恢复常设遮栏，换挂"止步，高压危险！"的标示牌。

2）应在所有道路派专人守候，以便告诉工作班人员"设备已经合闸送电，不得继续工作"，守候人员在工作票未交回以前，不得离开守候地点。

（3）检修工作结束以前，若需将设备试加工作电压，应按下列条件进行。

1）全体工作人员撤离工作地点。

2）将该系统的所有工作票收回，拆除临时遮栏、接地线和标示牌，恢复常设遮栏。

3）应在工作负责人和运行人员进行全面检查无误后，由运行人员进行加压试验。

工作班若需继续工作时，应重新履行工作许可手续。

（4）在同一电气连接部分用同一工作票依次在几个工作地点转移工作时，全部安全措施由运行人员在开工前一次做完，不需再办理转移手续。但工作负责人在转移工作地点时，应向工作人员交代带电范围、安全措施和注意事项。

（5）全部工作完毕后，工作班应清扫、整理现场。工作负责人应先周密地检查，待全体工作人员撤离工作地点后，再向运行人员交代所修项目、发现的问题、试验结果和存在问题等，并与运行人员共同检查设备状况、状态，有无遗留物件，是否清洁等，然后在工作票上填明工作结束时间。经双方签名后，表示工作终结。

待工作票上的临时遮栏已拆除，标示牌已取下，已恢复常设遮栏，未拉开的接地线、接地刀闸已汇报调度，工作票方告终结。

（6）只有在同一停电系统的所有工作票都已终结，并得到值班调度员或运行值班负责人的许可指令后方可合闸送电。

（7）终结的工作票、事故应急抢修单应保存一年。

四、保证安全的技术措施

1. 电气设备上安全工作的技术措施

（1）停电。

（2）验电。

（3）接地。

（4）悬挂标示牌和装设遮栏（围栏）。

上述措施由运行人员或有权执行操作的人员执行。

2. 停电

（1）工作地点，应停电的设备如下。

1）检修的设备。

2）与工作人员在进行工作中正常活动范围的距离小于表1-3规定的设备。

表1-3　　　　　　工作人员工作中正常活动范围与带电设备的安全距离

电压等级/kV	10及以下（13.8）	20、35	63（66）、110	220	330	500
安全距离/m	0.35	0.60	1.50	3.00	4.00	5.00

注：表中未列电压按高一挡电压等级的安全距离。

3）在35kV及以下的设备处工作，安全距离虽大于表1-3的规定，但小于表1-1的规定，同时又无绝缘挡板、安全遮栏措施的设备。

4）带电部分在工作人员后面、两侧、上下且无可靠安全措施的设备。

5）其他需要停电的设备。

（2）检修设备停电，应把各方面的电源完全断开（任何运用中的星形接线设备的中性点，应视为带电设备）。禁止在只经断路器（开关）断开电源的设备上工作。应拉开隔离开关（刀闸），手车开关应拉至试验或检修位置，应使各方面有一个明显的断开点（对于有些设备无法观察到明显断开点的除外）。与停电设备有关的变压器和电压互感器，应将设备各侧断开，防止向停电检修设备反送电。

（3）检修设备和可能来电侧的断路器（开关）、隔离开关（刀闸）应断开控制电源和合闸电源，隔离开关（刀闸）操作把手应锁住，确保不会误送电。

（4）对难以做到与电源完全断开的检修设备，可以拆除设备与电源之间的电气连接。

3. 验电

（1）验电时，应使用相应电压等级且合格的接触式验电器，在装设接地线或合接地刀闸处对各相分别验电。验电前，应先在有电设备上进行试验，确证验电器良好；无法在有电设备上进行试验时可用高压发生器等确证验电器良好。如果在木杆、木梯或木架上验电，不接地线不能指示者，可在验电器绝缘杆尾部接上接地线，但应经运行值班负责人或工作负责人许可。

（2）高压验电应戴绝缘手套。验电器的伸缩式绝缘棒长度应拉足，验电时手应握在手柄处不得超过护环，人体应与验电设备保持安全距离。雨雪天气时不得进行室外直接验电。

（3）对无法进行直接验电的设备，可以进行间接验电，即检查隔离开关（刀闸）的机械指示位置、电气指示、仪表及带电显示装置指示的变化，且至少应有两个及以上指示已同时发生对应变化；若进行遥控操作，则应同时检查隔离开关（刀闸）的状态指示、遥测、遥信信号及带电显示装置的指示进行间接验电。

330kV 及以上的电气设备，可采用间接验电方法进行验电。

（4）表示设备断开和允许进入间隔的信号、经常接入的电压表等，如果指示有电，则禁止在设备上工作。

4. 接地

（1）装设接地线应由两人进行（经批准可以单人装设接地线的项目及运行人员除外）。

（2）当验明设备确已无电压后，应立即将检修设备接地并三相短路。电缆及电容器接地前应逐相充分放电，星形接线电容器的中性点应接地，串联电容器及与整组电容器脱离的电容器应逐个放电，装在绝缘支架上的电容器外壳也应放电。

（3）对于可能送电至停电设备的各方面都应装设接地线或合上接地刀闸，所装接地线与带电部分应考虑接地线摆动时仍符合安全距离的规定。

（4）对于因平行或邻近带电设备导致检修设备可能产生感应电压时，应加装接地线或工作人员使用个人保安线，加装的接地线应登录在工作票上，个人保安接地线由工作人员自装自拆。

（5）在门形架构的线路侧进行停电检修，如工作地点与所装接地线的距离小于 10m，工作地点虽在接地线外侧，也可不另装接地线。

（6）检修部分若分为几个在电气上不相连接的部分〔如分段母线以隔离开关（刀闸）或断路器（开关）隔开分成几段〕，则各段应分别验电接地短路。降压变电站全部停电时，应将各个可能来电侧的部分接地短路，其余部分不必每段都装设接地线或合上接地刀闸。

（7）接地线、接地刀闸与检修设备之间不得连有断路器（开关）或熔断器。若由于设备原因，接地刀闸与检修设备之间连有断路器（开关），在接地刀闸和断路器（开关）合上后，应有保证断路器（开关）不会分闸的措施。

（8）在配电装置上，接地线应装在该装置导电部分的规定地点，这些地点的油漆应刮去，并画有黑色标记。所有配电装置的适当地点，均应设有与接地网相连的接地端，接地电阻应合格。接地线应采用三相短路式接地线，若使用分相式接地线时，应设置三相合一的接地端。

（9）装设接地线应先接接地端，后接导体端，接地线应接触良好，连接应可靠。拆接地线的顺序与此相反。装、拆接地线均应使用绝缘棒和戴绝缘手套。人体不得碰触接地线或未接地的导线，以防止感应电触电。

（10）成套接地线应用有透明护套的多股软铜线组成，其截面不得小于 25mm^2，同时应满足装设地点短路电流的要求。

1）禁止使用其他导线作接地线或短路线。

2）接地线应使用专用的线夹固定在导体上，严禁用缠绕的方法进行接地或短路。

（11）严禁工作人员擅自移动或拆除接地线。高压回路上的工作，需要拆除全部或一部分接地线后始能进行工作者［如测量母线和电缆的绝缘电阻，测量线路参数，检查断路器（开关）触点是否同时接触］，如：①拆除一相接地线；②拆除接地线，保留短路线；③将接地线全部拆除或拉开接地刀闸。

上述工作应征得运行人员的许可（根据调度员指令装设的接地线，应征得调度员的许可），方可进行。工作完毕后立即恢复。

（12）每组接地线均应编号，并存放在固定地点。存放位置也应编号，接地线号码与存放位置号码应一致。

（13）装、拆接地线，应做好记录，交接班时应交代清楚。

5. 悬挂标示牌和装设遮栏（围栏）

（1）在一经合闸即可送电到工作地点的断路器（开关）和隔离开关（刀闸）的操作把手上，均应悬挂"禁止合闸，有人工作！"的标示牌。

如果线路上有人工作，应在线路断路器（开关）和隔离开关（刀闸）操作把手上悬挂"禁止合闸，线路有人工作！"的标示牌。

对由于设备原因，接地刀闸与检修设备之间连有断路器（开关），在接地刀闸和断路器（开关）合上后，在断路器（开关）操作把手上，应悬挂"禁止分闸！"的标示牌。

在显示屏上进行操作的断路器（开关）和隔离开关（刀闸）的操作处均应相应设置"禁止合闸，有人工作！"或"禁止合闸，线路有人工作！"以及"禁止分闸！"的标记。

（2）部分停电的工作，安全距离小于表1-1规定距离以内的未停电设备，应装设临时遮栏，临时遮栏与带电部分的距离，不得小于表1-3规定的数值，临时遮栏可用干燥木材、橡胶或其他坚韧绝缘材料制成，装设应牢固，并悬挂"止步，高压危险！"的标示牌。

35kV 及以下设备的临时遮栏，如因工作特殊需要，可用绝缘挡板与带电部分直接接触。但此种挡板应具有高度的绝缘性能，并符合要求。

（3）在室内高压设备上工作，应在工作地点两旁及对面运行设备间隔的遮栏（围栏）上和禁止通行的过道遮栏（围栏）上悬挂"止步，高压危险！"的标示牌。

（4）高压开关柜内手车开关拉出后，隔离带电部位的挡板封闭后禁止开启，并设置"止步，高压危险！"的标示牌。

（5）在室外高压设备上工作，应在工作地点四周装设围栏，其出入口要围至临近道路旁边，并设有"从此进出！"的标示牌。工作地点四周围栏上悬挂适当数量的"止步，高压危险！"标示牌，标示牌应朝向围栏里面。若室外配电装置的大部分设备停电，只有个别地点保留有带电设备而其他设备无触及带电导体的可能时，可以在带电设备四周装设全封闭围栏，围栏上悬挂适当数量的"止步，高压危险！"标示牌，标示牌应朝向围栏外面。

严禁越过围栏。

（6）在工作地点设置"在此工作！"的标示牌。

（7）在室外构架上工作，则应在工作地点邻近带电部分的横梁上悬挂"止步，高压危险！"的标示牌。在工作人员上下铁架或梯子上，应悬挂"从此上下！"的标示牌。在邻近其他可能误登的带电架构上，应悬挂"禁止攀登，高压危险！"的标示牌。

（8）严禁工作人员擅自移动或拆除遮栏（围栏）、标示牌。

五、低压带电作业

（1）低压带电作业应设专人监护。

（2）使用有绝缘柄的工具，其外裸的导电部位应采取绝缘措施，防止操作时相间或对地短路。工作时，应穿绝缘鞋和全棉长袖工作服，并戴手套、安全帽和护目镜，站在干燥的绝缘物上进行。严禁使用锉刀、金属尺和带有金属物的毛刷、毛掸等工具。

（3）高、低压同杆架设，在低压带电线路上工作时，应先检查与高压线的距离，采取防止误碰带电高压设备的措施。在带电的低压配电装置上工作时，应采取防止相间短路和单相接地的绝缘隔离措施。

（4）上杆前，应先分清相、零线，选好工作位置。断开导线时应先断开相线，后断开零线。搭接导线时顺序应相反。

人体不得同时接触两根线头。

六、电气试验

1. 高压试验

（1）高压试验应填用变电站（发电厂）第一种工作票。

在一个电气连接部分同时有检修和试验时，可填用一张工作票，但在试验前应得到检修工作负责人的许可。

在同一电气连接部分，高压试验工作票发出时，应先将已发出的检修工作票收回，禁止再发出第二张工作票。如果试验过程中需要检修配合，应将检修人员填写在高压试验工作票中。

如加压部分与检修部分之间的断开点，按试验电压有足够的安全距离，并在另一侧有接地短路线时，可在断开点的一侧进行试验，另一侧可继续工作。但此时在断开点应挂有"止步，高压危险！"的标示牌，并设专人监护。

（2）高压试验工作不得少于两人。试验负责人应由有经验的人员担任，开始试验前，试验负责人应向全体试验人员详细布置试验中的安全注意事项，交代邻近间隔的带电部位以及其他安全注意事项。

（3）因试验需要断开设备接头时，拆前应做好标记，接后应进行检查。

（4）试验装置的金属外壳应可靠接地；高压引线应尽量缩短，并采用专用的高压试验线，必要时用绝缘物支持牢固。

试验装置的电源开关应使用明显断开的双极刀闸。为了防止误合刀闸，可在刀刃上加绝缘罩。

试验装置的低压回路中应有两个串联电源开关，并加装过载自动跳闸装置。

（5）试验现场应装设遮栏或围栏，遮栏或围栏与试验设备高压部分应有足够的安全距离，向外悬挂"止步，高压危险！"的标示牌，并派人看守。被试设备两端不在同一地点时，另一端还应派人看守。

（6）加压前应认真检查试验接线，使用规范的短路线，表计倍率、量程、调压器零位及仪表的开始状态均正确无误，经确认后，通知所有人员离开被试设备，并取得试验负责人许可，方可加压。加压过程中应有人监护并呼唱。

高压试验工作人员在全部加压过程中，应精力集中，随时警戒异常现象发生，操作人应站在绝缘垫上。

（7）变更接线或试验结束时，应首先断开试验电源、放电，并将升压设备的高压部分放电、短路接地。

（8）未装接地线的大电容被试设备，应先行放电再做试验。高压直流试验时，每告一段落或试验结束时，应将设备对地放电数次并短路接地。

（9）试验结束时，试验人员应拆除自装的接地短路线，并对被试设备进行检查，恢复试验前的状态，经试验负责人复查后进行现场清理。

（10）变电站、发电厂升压站发现有系统接地故障时，禁止进行接地网接地电阻的测量。

（11）特殊的重要电气试验，应有详细的安全措施，并经单位主管生产的领导（总工程师）批准。

2.使用携带型仪器的测量工作

（1）使用携带型仪器在高压回路上进行工作，至少由两人进行。需要高压设备停电或做安全措施的，应填用变电站（发电厂）第一种工作票。

（2）除使用特殊仪器外，所有使用携带型仪器的测量工作，均应在电流互感器和电压互感器的二次侧进行。

（3）电流表、电流互感器及其他测量仪表的接线和拆卸，需要断开高压回路者，应将此回路所连接的设备和仪器全部停电后，始能进行。

（4）电压表、携带型电压互感器和其他高压测量仪器的接线和拆卸无需断开高压回路者，可以带电工作。但应使用耐高压的绝缘导线，导线长度应尽可能缩短，不准有接头，并应连接牢固，以防接地和短路。必要时用绝缘物加以固定。

使用电压互感器进行工作时，应先将低压侧所有接线接好，然后用绝缘工具将电压互感器接到高压侧。工作时应戴手套和护目眼镜，站在绝缘垫上，并应有专人监护。

（5）连接电流回路的导线截面，应适合所测电流数值。连接电压回路的导线截面不得小于 $1.5mm^2$。

（6）非金属外壳的仪器，应与地绝缘，金属外壳的仪器和变压器外壳应接地。

（7）测量用装置必要时应设遮栏或围栏，并悬挂"止步，高压危险！"的标示牌。仪器的布置应使工作人员距带电部位不小于表1-1规定的安全距离。

3.使用钳形电流表的测量工作

（1）运行人员在高压回路上使用钳形电流表的测量工作，应由两人进行。非运行人员测量时，应填用变电站（发电厂）第二种工作票。

（2）在高压回路上测量时，严禁用导线从钳形电流表另接表计测量。

（3）测量时若需拆除遮栏，应在拆除遮栏后立即进行。工作结束，应立即将遮栏恢复原状。

（4）使用钳形电流表时，应注意钳形电流表的电压等级。测量时戴绝缘手套，站在绝缘垫上，不得触及其他设备，以防短路或接地。

观测表计时，要特别注意保持头部与带电部分的安全距离。

（5）测量低压熔断器（保险）和水平排列低压母线电流时，测量前应将各相熔断器（保险）和母线用绝缘材料加以包护隔离，以免引起相间短路，同时应注意不得触及其他带电部分。

（6）在测量高压电缆各相电流时，电缆头线间距离应在300mm以上，且绝缘良好，测量方便者，方可进行。

当有一相接地时，严禁测量。

（7）钳形电流表应保存在干燥的室内，使用前要擦拭干净。

4. 使用兆欧表测量绝缘的工作

（1）使用兆欧表测量高压设备绝缘，应由两人进行。

（2）测量用的导线，应使用相应的绝缘导线，其端部应有绝缘套。

（3）测量绝缘时，应将被测设备从各方面断开，验明无电压，确实证明设备无人工作后方可进行。在测量中禁止他人接近被测设备。

在测量绝缘前后，应将被测设备对地放电。

测量线路绝缘时，应取得许可并通知对侧后方可进行。

（4）在有感应电压的线路上测量绝缘时，应将相关线路同时停电，方可进行。雷电时，严禁测量线路绝缘。

（5）在带电设备附近测量绝缘电阻时，测量人员和兆欧表安放位置，应选择适当，保持安全距离，以免兆欧表引线或引线支持物触碰带电部分。移动引线时，应注意监护，防止工作人员触电。

七、一般安全措施

（1）任何人进入生产现场（办公室、控制室、值班室和检修班组室除外），应戴安全帽。

（2）工作场所的照明，应该保证足够的亮度。在操作盘、重要表计、主要楼梯、通道、调度室、机房、控制室等地点，还应设有事故照明。

（3）变、配电站及发电厂遇有电气设备着火时，应立即将有关设备的电源切断，然后进行救火。消防器材的配备、使用、维护，消防通道的配置等应遵守《电力设备典型消防规程》（DL 5027—1993）的规定。

（4）电气工具和用具应由专人保管，定期进行检查。使用时，应按有关规定接入漏电保护装置、接地线。使用前应检查电线是否完好，有无接地线，不合格的不准使用。

（5）凡在离地面（坠落高度基准面）2m及以上的地点进行的工作，都应视作高处作业。

（6）高处作业应使用安全带（绳），安全带（绳）使用前应进行检查，并定期进行试验。安全带（绳）应挂在牢固的构件上或专为挂安全带用的钢架或钢丝绳上，并不得低挂高用，禁止系挂在移动或不牢固的物件上［如避雷器、断路器（开关）、隔离开关（刀闸）、电流互感器、电压互感器等支持件上］。在没有脚手架或者在没有栏杆的脚手架上工作，高度超过 1.5m 时，应使用安全带或采取其他可靠的安全措施。

（7）高处作业应使用工具袋，较大的工具应固定在牢固的构件上，不准随便乱放，上下传递物件应用绳索拴牢传递，严禁上下抛掷。

（8）在未做好安全措施的情况下，不准登在不坚固的结构上（如彩钢板屋顶）进行工作。

（9）梯子应坚固完整，梯子的支柱应能承受作业人员及所携带的工具、材料攀登时的总重量，硬质梯子的横木应嵌在支柱上，梯阶的距离不应大于 40cm，并在距梯顶 1m 处设限高标志。梯子不宜绑接使用。

（10）在户外变电站和高压室内搬动梯子、管子等长物，应两人放倒搬运，并与带电部分保持足够的安全距离。

在变、配电站（开关站）的带电区域内或邻近带电线路处，禁止使用金属梯子。

（11）在带电设备周围严禁使用钢卷尺、皮卷尺和线尺（夹有金属丝者）进行测量工作。

知识点二 触电知识及心肺复苏

一、触电的种类

电流通过人体对人体和内部组织的损伤分为电击和电伤两种。尽管 85% 以上的触电死亡事故是由电击造成的，但其中大约有 70% 含有电伤成分。在触电伤亡事故中，电烧伤约占 40%。

（一）电击

电击是指电流通过人体后，人体内部组织受到较为严重的损伤。电击伤则会使人觉得全身发热、发麻，肌肉发生不由自主的抽搐，并逐渐失去知觉。如果电流继续通过人体，将会使触电者的心脏、呼吸机能和神经系统受伤，直到停止呼吸，心脏停顿死亡。

电击伤害程度一般可分为以下四级：

Ⅰ级：触电者肌肉产生痉挛，但未失去知觉。

Ⅱ级：肌肉产生痉挛，触电者失去知觉，但心脏仍然跳动，呼吸也未停止。

Ⅲ级：触电者失去知觉，心脏停止跳动或者肺部停止呼吸（或者心脏跳动和肺部呼吸都停止）。

Ⅳ级：临床死亡，即呼吸和血液循环都停止。

（二）电伤

电伤是指电流对人体外部造成的局部损伤，并在肌体上留下伤痕。电伤从外观上看一般有电灼伤、电烙印和皮肤金属化 3 种。

1. 电灼伤的种类

（1）电接触灼伤。人体直接与带电导体接触的烧伤，可造成皮肤及其深部组织，如肌肉、神经、血管、骨骼等严重灼伤。

（2）电弧烧伤。当人体接近高压电时，在电源与人体间会发生电弧放电。虽然放电时间短，但电弧温度很高，会深度烧伤人体，甚至将人体躯干或四肢烧伤。电弧灼伤一般分为以下三度：

一度：灼伤部位轻度变红，表皮受伤。

二度：皮肤大面积烫伤，烫伤部位出现水泡。

三度：肌肉组织深度灼伤，皮下组织坏死，皮肤烧焦。

（3）火焰烧伤。电弧或电火花使衣服燃烧，从而烧伤人体，这种烧伤较浅，但烧伤面积较大。

2. 电烙印

电烙印发生在人体与带电接触体之间有良好的接触部位处。在人体不被电击的情况下，在皮肤表面留下与带电接触体形状相似的肿块痕迹。电烙印边缘明显，颜色呈灰黄色，有时在触电后，电烙印并不立即出现，而在相隔一段时间后才出现。电烙印一般不发炎或化脓，但往往造成局部麻木和失去知觉。

3. 皮肤金属化

皮肤金属化是由于高温电弧使周围金属熔化、蒸发并飞溅渗透到皮肤表面形成的伤害。皮肤金属化以后，表面粗糙、坚硬。金属化后的皮肤经过一段时间后方能自行脱落，对人体不会造成不良的后果。

无论是电击还是电伤，对触电者的身体都有危害。当人触电后，由于电流通过人体，或产生的电弧把人体烧伤，严重时都会造成人的死亡。

二、触电的类型

触电是指电流通过人体引起不适、伤害、死亡的事件。一般为非故障、不小心、缺少常识与保护造成，它与电压、环境（绝缘）及每个人的身体条件有关。常见的触电有单相触电、两相触电、高压电弧触电和跨步电压触电（间接触电）等。

1. 单相触电

单相触电是指由单相 220V 交流电引起的触电，即只接触一条火线，电流经火线→人体→大地构成回路，从而造成触电，如图 1-1 所示。

大部分触电事故都是单相触电事故。在日常生活和工作中，人们一不小心就有可能接触到插头或灯头的带电部位，这时就会发生"单相触电"。

对于低压用电设备的开关、插头和灯头以及电动机、电动工具等电器，如果其电气绝缘损坏，带电部分就会裸露出来，从而使电器外壳或电线外皮带电。人体一旦碰触这些带有电的设备或电线，就会发生单相触电事故。如果此时人体站在绝缘板上或穿着绝缘鞋，由于人体与大地间的电阻很大，通过人体的电流将很小，一般不会发生触电事故。

 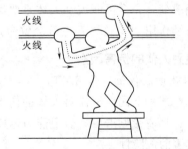

图 1-1　单相触电　　　　　图 1-2　两相触电

2. 两相触电

在三相交流电路中，人体的两处同时触及两相带电体的触电事故，称为两相触电，如图 1-2 所示。发生两相触电时，电流由一根导线通过人体流至另一根导线，作用于人体上的电压为 380V，通过计算此时流过人体的电流可高达 268mA。这样大的电流流经人体，只要 0.186s 的时间就可能致人死亡。因此，两相触电比单相触电更危险。

发生两相触电时，人的两只手碰到的是完全不接触的两根相线。只有在变配电站或线路进楼的配电屏上，才会出现两相触电。

3. 高压电弧触电

高压线路和高压带电设备在正常运行时，所带电压常常是几千伏、几万伏甚至是几十万伏。在人体离它们较近时，高压线或高压设备所带高电压，有可能击穿它们与人体之间的空气，于是发生通过人体产生的放电现象，在电流通过人体时，造成电烧伤，甚至死亡，这就是高压电弧触电，如图 1-3 所示。

　　图 1-3　高压电弧触电

　　图 1-4　跨步电压触电

　　4. 跨步电压触电（间接触电）

当架空线路的一根带电导线断落在地上时，落地点与带电导线的电势相同，电流就会从导线的落地点向大地流散，于是地面上以导线落地点为中心，形成了一个电势分布区域，离落地点越远，电流越分散，地面电势也越低。如果人或牲畜站在距离电线落地点 8~10m 以内，就可能发生触电事故，这种触电称为跨步电压触电，如图 1-4 所示。人受到跨步电压时，电流虽然是沿着人的下身，从脚经腿、胯部又到脚与大地形成通路，没有经过人体的重要器官，好像比较安全。但是实际并非如此！因为人受到较高的跨步电压作用时，双脚会抽筋，使身体倒在地上。这不仅使作用于身体上的电流增加，而且使电流经过人体的路径改变，完全可能流经人体重要器官，如从头到手或脚。经验证明，人倒地后电流在体内持续作用 2s，这种触电就会致命。

三、触电对人体的伤害因素

　　1. 通过人体电流数值和作用时间

与其他一些伤害不同，电流对人体的伤害事先没有任何预兆。伤害往往发生在瞬息之间，而且人体一旦遭受电击后，防卫能力迅速降低。电流数值的增大和作用时间的延长都会增加电流伤害的危险性。

电流通过人体，人的内部器官组织会受到伤害。如果电流继续通过人体，将使触电者的心脏、呼吸机能和神经系统受伤，直到停止呼吸、心脏活动停止。

电流通过人体时，不同类型的电流及电流的大小不同，其对人体的伤害程度不一样。通过人体的电流越大，人体的生理反应越明显，引起心室颤动所需要的时间越短，致命的危险就越大。对于工频交流电，按照通过人体的电流大小不同，人体呈现不同的状态，可将电流划分为感知电流、摆脱电流和致命电流 3 个等级，见表 1-4。

　　2. 人体阻抗和接触电压

触电时，电压施加于人体，流过人体的电流受人体的阻抗限制。因此，人体阻抗是决定电流值以及引起各种生理效应和伤害程度的主要因素。人体阻抗由皮肤电阻和人体内部电阻串联构成。

表 1 - 4　　　　　　通过人体电流大小与人体伤害程度的关系　　　　　　单位：mA

名称	概念	对成年男性		对成年女性	
		工频	直流	工频	直流
感知电流	引起人感觉的最小电流，此时，人的感觉是轻微麻抖和刺痛	1.1	5.2	0.7	3.5
摆脱电流	人触电后能自主摆脱电源的最大电流，此时，发热、刺痛的感觉增强。电流大到一定程度，触电者将因肌肉收缩，发生痉挛而紧抓带电体，不能自行摆脱带电体	16	76	10.5	51
致命电流	在较短时间内危及生命的电流	30～50	1300（0.3s）、50（3s）	30～50	1300（0.3s）、50（3s）

（1）皮肤电阻。皮肤由表皮、真皮和皮下层组成。最外层或表皮层又由角质层、粒层和生长层组成，角质层的电气绝缘强度在干燥时很高，可起到防止电击作用。当角质层渗入水分，在电场作用下形成类似电解液导电的情况，使角质层的电阻率下降，从而导电，容易发生触电。

（2）人体内部电阻。人体内部电阻是由人体内部组织、血液、骨骼等组成。由于血液、脂肪、器官等有大的蛋白分子，而且含水可达体重的 70%，所以人体内部组织的导电性能良好。

3. 心脏电流系数和心电相位

电流流过人体的途径不同，对流过人体心脏的电流大小也不同，因此对触电造成的伤害有着重要的影响。可以用心室颤动作为评价各种电流途径的相对危险性。

心脏有节律地进行舒张和收缩构成了心脏的跳动。当人发生触电时，电流流过心电相位的心缩期和心舒期所产生的室颤电流阈值和危险性也有所不同。因此，心电相位（心缩期和心舒期）在指定时间条件下对心室颤动电流阈值起着主要作用。

四、触电急救

紧急救护的基本原则是在现场采取积极措施，保护伤员的生命，减轻伤情，减少痛苦，并根据伤情需要，迅速与医疗急救中心（医疗部门）联系救治。急救成功的关键是动作快、操作正确。任何拖延和操作错误都会导致伤员伤情加重或死亡。要认真观察伤员全身情况，防止伤情恶化。发现伤员意识不清、瞳孔扩大、无反应、呼吸和心跳停止时，应立即在现场就地抢救，用心肺复苏法支持呼吸和循环，对大脑、心脏等重要脏器供氧。心脏停止跳动后，只有分秒必争地迅速抢救，救活的可能才较大。现场工作人员都应定期接受培训，学会紧急救护法、可正确解脱电源、会心肺复苏法、会止血、会包扎、会固定、会转移搬运伤员、会处理急救外伤或中毒等。生产现场和经常有人工作的场所应配备急救箱，存放急救用品，并应指定专人经常检查、补充或更换。

触电急救应分秒必争，一经明确心跳、呼吸停止的，立即就地迅速用心肺复苏法进行抢救，并坚持不断地进行，同时及早与医疗急救中心（医疗部门）联系，争取医务人员接替救治。在医务人员未接替救治前，不应放弃现场抢救，更不能只根据没有呼吸或脉搏的表现，擅自判定伤员死亡，放弃抢救。只有医生才有权做出伤员死亡的诊断。与医务人员接替时，应提醒医务人员在触电者转移到医院的过程中不得间断抢救。

1. 迅速脱离电源

触电急救，首先要使触电者迅速脱离电源，越快越好。因为电流作用的时间越长，伤害越重。

脱离电源，就是要把触电者接触的那一部分带电设备的所有断路器（开关）、隔离开关（刀闸）或其他断路设备断开，或设法将触电者与带电设备脱离开。在脱离电源过程中，救护人员也要注意保护自身的安全。如触电者处于高处，应采取相应措施，防止该伤员脱离电源后自高处坠落形成复合伤。

（1）低压触电可采用下列方法使触电者脱离电源（图1-5）：

1）如果触电地点附近有电源开关或电源插座，可立即拉开开关或拔出插头，断开电源。但应注意到拉线开关或墙壁开关等只控制一根线的开关，有可能因安装问题只能切断零线而没有断开电源的相线。

2）如果触电地点附近没有电源开关或电源插座（头），可用有绝缘柄的电工钳或有干燥木柄的斧头切断电线，断开电源。

3）当电线搭落在触电者身上或压在身下时，可用干燥的衣服、手套、绳索、皮带、木板、木棒等绝缘物作为工具，拉开触电者或挑开电线，使触电者脱离电源。

4）如果触电者的衣服是干燥的，又没有紧缠在身上，可以用一只手抓住他的衣服，拉离电源。但因触电者的身体是带电的，其鞋的绝缘也可能遭到破坏，救护人不得接触触电者的皮肤，也不能抓他的鞋。

5）若触电发生在低压带电的架空线路上或配电台架、进户线上，对可立即切断电源的，则应迅速断开电源，救护者迅速登杆或登至可靠地方，并做好自身防触电、防坠落安全措施，用带有绝缘胶柄的钢丝钳、绝缘物体或干燥不导电物体等工具将触电者脱离电源。

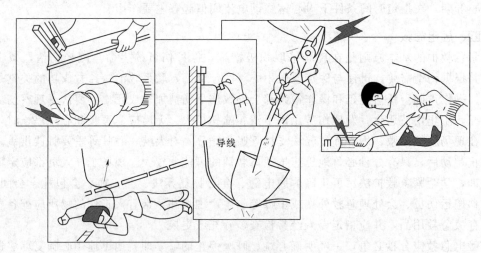

导线

图1-5 几种脱离低压电源的方法

（2）高压触电可采用下列方法之一使触电者脱离电源：

1）立即通知有关供电单位或用户停电。

2）戴上绝缘手套，穿上绝缘靴，用相应电压等级的绝缘工具按顺序拉开电源开关或熔断器。

3）抛掷裸金属线使线路短路接地，迫使保护装置动作，断开电源。注意抛掷金属线之前，应先将金属线的一端固定可靠接地，然后另一端系上重物抛掷，注意抛掷的一端不可触及触电者和其他人。另外，抛掷者抛出线后，要迅速离开接地的金属线 8m 以外或双腿并拢站立，防止跨步电压伤人。在抛掷短路线时，应注意防止电弧伤人或断线危及人员安全。

（3）脱离电源后救护者应注意的事项。

1）救护人不可直接用手、其他金属及潮湿的物体作为救护工具，而应使用适当的绝缘工具。救护人最好用一只手操作，以防自己触电。

2）防止触电者脱离电源后可能的摔伤，特别是当触电者在高处的情况下，应考虑防止坠落的措施。即使触电者在平地，也要注意触电者倒下的方向，注意防摔。救护者也应注意救护中自身的防坠落、摔伤措施。

3）救护者在救护过程中特别是在杆上或高处抢救伤者时，要注意自身和被救者与附近带电体之间的安全距离，防止再次触及带电设备。电气设备、线路即使电源已断开，对未做安全措施挂上接地线的设备也应视作有电设备。救护人员登高时应随身携带必要的绝缘工具和牢固的绳索等。

4）如事故发生在夜间，应设置临时照明灯，以便于抢救，避免意外事故，但不能因此延误切除电源和进行急救的时间。

2. 现场就地急救

触电者脱离电源以后，现场救护人员应迅速对触电者的伤情进行判断，对症抢救。同时设法联系医疗急救中心（医疗部门）的医生到现场接替救治。要根据触电伤员的不同情况，采用不同的急救方法。

（1）触电者神志清醒、有意识，心脏跳动，但呼吸急促、面色苍白，或曾一度被电休克、但未失去知觉。此时不能用心肺复苏法抢救，应将触电者抬到空气新鲜、通风良好地方躺下，安静休息 1～2h，让其慢慢恢复正常。天凉时要注意保温，并随时观察呼吸、脉搏变化。条件允许，送医院进一步检查。

（2）触电者神志不清，判断意识无，有心跳，但呼吸停止或极微弱时，应立即仰头抬颏法，使气道开放，并进行口对口人工呼吸。此时切记不能对触电者施行心脏按压。如此时不及时用人工呼吸法抢救，触电者将会因缺氧过久而引起心跳停止。

（3）触电者神志丧失，判定意识无，心跳停止，但有极微弱的呼吸时，应立即施行心肺复苏法抢救。不能认为尚有微弱呼吸，只需做胸外按压，因为这种微弱呼吸已起不到人体需要的氧交换作用，如不及时人工呼吸即会发生死亡，若能立即施行口对口人工呼吸法和胸外按压，就能抢救成功。

（4）触电者心跳、呼吸停止时，应立即进行心肺复苏法抢救，不得延误或中断。

（5）触电者和雷击伤者心跳、呼吸停止，并伴有其他外伤时，应先迅速进行心肺复苏急救，然后再处理外伤。

（6）发现杆塔上或高处有人触电，要争取时间及早在杆塔上或高处开始抢救。触电者脱离电源后，应迅速将伤员扶卧在救护人的安全带上（或在适当地方躺平），然后根据伤者的意识、呼吸及颈动脉搏动情况来进行（1）～（5）项不同方式的急救。应提醒的是，高处抢救触电者，应迅速判断其意识和呼吸是否存在十分重要。若呼吸已停止，开放气道后立即口对口（鼻）吹气2次，再测试颈动脉，如有搏动，则每5s继续吹气1次；若颈动脉无搏动，可用空心拳头叩击心前区2次，促使心脏复跳。为使抢救更为有效，应立即设法将伤员营救至地面，并继续按心肺复苏法坚持抢救。操作方法如图1-6所示。

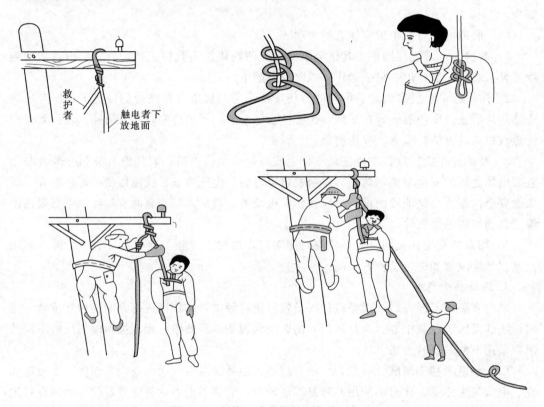

图1-6 杆塔上或高处触电者放下方法

1）单人营救法。首先在杆上安装绳，将绳子的一端固定在杆上，固定时绳子要绕2～3圈，绳子的另一端放在伤者的腋下，绑的方法要先用柔软的物品垫在腋下，然后用绳子绕1圈，打3个靠结，绳头塞进伤员腋旁的圈内并压紧，绳子的长度应为杆的1.2～1.5倍，最后将伤员的脚扣和安全带松开，再解开固定在电杆上的绳子，缓缓将伤员放下。

2）双人营救法。该方法基本与单人营救方法相同，只是绳子的另一端由杆下人员握住缓缓下放，此时绳子要长一些，应为杆高的2.2～2.5倍，营救人员要协商一致，防止杆上人员突然松手，杆下人员没有准备而发生意外。

（7）触电者衣服被电弧光引燃时，应迅速扑灭其身上的火源，着火者切忌跑动。可利用衣服、被子、湿毛巾等扑火，必要时可就地躺下翻滚，使火扑灭。

3. 伤员脱离电源后的处理

（1）判断意识、呼救和体位放置。

1）判断伤员有无意识的方法如下：

a. 轻轻拍打伤员肩部，高声喊叫："喂！你怎么啦?" 如图 1-7 所示。

b. 如认识，可直呼喊其姓名。有意识，立即送医院。

c. 眼球固定、瞳孔散大，无反应时，立即用手指甲掐压人中穴、合谷穴约 5s。

注意：以上 3 步动作应在 10s 以内完成，不可太长，伤员如出现眼球活动、四肢活动及疼痛感后，应即停止掐压穴位，拍打肩部不可用力太重，以防加重可能存在的骨折等损伤。

2) 呼救。一旦初步确定伤员意识丧失，应立即招呼周围的人前来协助抢救，哪怕周围无人，也应该大叫"来人啊！救命啊!"，如图 1-8 所示。

图 1-7 判断伤员有无意识

图 1-8 呼救

注意：一定要呼叫其他人来帮忙，因为一个人做心肺复苏术不可能坚持较长时间，而且劳累后动作易走样。叫来的人除协助做心肺复苏外，还应立即打电话给救护站或呼叫受过救护训练的人前来帮忙。

3) 放置体位。正确的抢救体位是仰卧位。患者头、颈、躯干平卧无扭曲，双手放于两侧躯干旁。

如伤员摔倒时面部向下，应在呼救同时小心地将其转动，使伤员全身各部成一个整体。尤其要注意保护颈部，可以一手托住颈部，另一手扶着肩部，以脊柱为轴心，使伤员头、颈、躯干平稳地直线转至仰卧，在坚实的平面上四肢平放，如图 1-9 所示。

注意：抢救者跪于伤员肩颈侧旁，将其手臂举过头，拉直双腿，注意保护颈部。解开伤员上衣，暴露胸部（或仅留内衣），冷天要注意使其保暖。

图 1-9 放置伤员

(2) 通畅气道、判断呼吸与人工呼吸。当发现触电者呼吸微弱或停止时，应立即通畅触电者的气道以促进触电者呼吸或便于抢救。通畅气道主要采用仰头举颏法。即一手置于前额使头部后仰，另一手的食指与中指置于下颌骨近下颏角处，抬起下颏，如图 1-10 和图 1-11 所示。

注意：严禁用枕头等物垫在伤员头下；手指不要压迫伤员颈前部、颏下软组织，以防压迫气道，颈部上抬时不要过度伸展，有假牙托者应取出。儿童颈部易弯曲，过度抬颈反而使气道闭塞，因此不要抬颈牵拉过甚。成人头部后仰程度应为 90°，儿童头部后仰程度应为 60°，婴儿头部后仰程度应为 30°，颈椎有损伤的伤员应采用双下颌上提法。

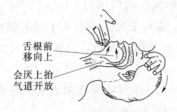 

图 1-10　仰头举颏法　　　　　　　图 1-11　抬起下颏法

检查伤员口、鼻腔，如有异物立即用指清除。

（3）判断呼吸。触电伤者如意识丧失，应在开放气道后 10s 内用看、听、试的方法判定伤员有无呼吸，如图 1-12 所示。

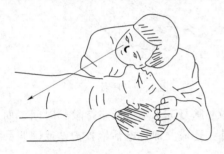

图 1-12　看、听、试伤员呼吸

1）看：看伤员的胸、腹壁有无呼吸起伏动作。

2）听：用耳贴近伤员的口鼻处，听有无呼气声音。

3）试：用颜面部的感觉测试口鼻部有无呼气气流。

若无上述体征可确定无呼吸。一旦确定无呼吸后，立即进行两次人工呼吸。

（4）口对口（鼻）呼吸。当判断伤员确实不存在呼吸时，应即进行口对口（鼻）的人工呼吸，其具体方法如下：

1）在保持呼吸通畅的位置下进行。用按于前额一手的拇指与食指，捏住伤员鼻孔（或鼻翼）下端，以防气体从口腔内经鼻孔逸出，施救者深吸一口气屏住并用自己的嘴唇包住（套住）伤员微张的嘴。

2）每次向伤员口中吹（呵）气持续 1～1.5s，同时仔细观察伤员胸部有无起伏，如无起伏，说明气未吹进，如图 1-13 所示。

3）一次吹气完毕后，应即与伤员口部脱离，轻轻抬起头部，面向伤员胸部，吸入新鲜空气，以便做下一次人工呼吸。同时使伤员的口张开，捏鼻的手也可放松，以便伤员从鼻孔通气，观察伤员胸部向下恢复时，则有气流从伤员口腔排出，如图 1-14 所示。

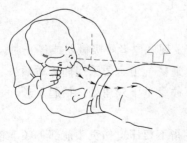 

图 1-13　口对口吹气　　　　　　　图 1-14　口对口吸气

抢救一开始，应即向伤员先吹气两口，吹气时胸廓隆起者人工呼吸有效；吹气无起伏者，则气道通畅不够，或鼻孔处漏气、或吹气不足、或气道有梗阻，应及时纠正。

注意：①每次吹气量不要过大，约 600mL（6～7mL/kg），大于 1200mL 会造成胃扩张；②吹气时不要按压胸部，如图 1-15 所示；③儿童伤员需视年龄不同而异，其吹气量约为 500mL，以胸廓能上抬时为宜；④抢救一开始的首次吹气两次，每次时间为 1～1.5s；⑤有脉搏无呼吸的伤员，则每 5s 吹一口气，吹气频率 12 次/min；⑥口对鼻的人工呼吸，适用于有严重的下颌及嘴唇外伤，牙关紧闭，下颌骨骨折等情况的伤员，

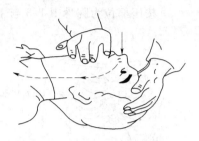

图 1-15　吹时不要压胸部

难以采用口对口吹气法；⑦婴、幼儿急救操作时要注意，因婴、幼儿韧带、肌肉松弛，故头不可过度后仰，以免气管受压，影响气道通畅，可用一手托颈，以保持气道平直；另外婴、幼儿口鼻开口均较小，位置又很靠近，抢救者可用口贴住婴幼儿口与鼻的开口处，施行口对口鼻呼吸。

（5）判断伤员有无脉搏与胸外心脏按压。

1）脉搏判断。在检查伤员的意识、呼吸、气道之后，应对伤员的脉搏进行检查，以判断伤员的心脏跳动情况（非专业救护人可不进行脉搏检查，对无呼吸、无反应、无意识的伤员立即实施心肺复苏）。具体方法如下：

a. 在开放气道的位置下进行（首次人工呼吸后）。

b. 一手置于伤员前额，使头部保持后仰。

c. 另一手在靠近抢救者一侧触摸颈动脉。

d. 可用食指及中指指尖先触及气管正中部位，男性可先触及喉结，然后向两侧滑移 2～3cm，在气管旁软组织处轻轻触摸颈动脉搏动，如图 1-16 所示。

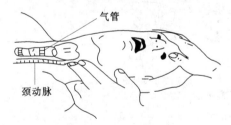

图 1-16　触摸颈动脉搏

判断时应注意以下事项：

a. 触摸颈动脉不能用力过大，以免推移颈动脉，妨碍触及。

b. 不要同时触摸两侧颈动脉，造成头部供血中断。

c. 不要压迫气管，造成呼吸道阻塞。

d. 检查时间不要超过 10s。

e. 未触及搏动：心跳已停止，或触摸位置有错误；触及搏动：有脉搏、心跳，或触摸感觉错误（可能将自己手指的搏动感觉为伤员脉搏）。

f. 判断应综合审定：如无意识，无呼吸，瞳孔散大，面色紫绀或苍白，再加上触不到脉搏，可以判定心跳已经停止。

g. 婴、幼儿因颈部肥胖，颈动脉不易触及，可检查肱动脉。肱动脉位于上臂内侧腋窝和肘关节之间的中点，用食指和中指轻压在内侧，即可感觉到脉搏。

2）胸外心脏按压。在对心跳停止者未进行按压前，先手握空心拳，快速垂直击打伤

员胸前区胸骨中下段1~2次，每次1~2s，力量中等，若无效，则立即进行胸外心脏按压，不能耽误时间。

a. 按压部位为胸骨中1/3与下1/3交界处，如图1-17所示。

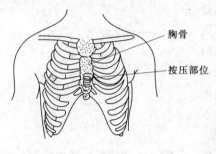

图1-17　胸外按压位置

b. 伤员体位。伤员应仰卧于硬板床或地上。如为弹簧床，则应在伤员背部垫一硬板。硬板长度及宽度应足够大，以保证按压胸骨时伤员身体不会移动。但不可因找寻垫板而延误开始按压的时间。

c. 快速测定按压部位的方法。快速测定按压部位可分5个步骤，如图1-18所示：①触及伤员上腹部，以食指及中指沿伤员肋弓处向中间移滑，如图1-18（a）所示；②在两侧肋弓交点处寻找胸骨下切迹。以切迹作为定位标志。不要以剑突下定位，如图1-18（b）所示；③然后将食指及中指两横指放在胸骨下切迹上方，食指上方的胸骨正中部即为按压区，如图1-18（c）所示；④以另一手的掌根部紧贴食指上方，放在按压区，如图1-18（d）所示；⑤再将定位的手取下，重叠将掌根放于另一手背上，两手手指交叉抬起，使手指脱离胸壁，如图1-18（e）所示。

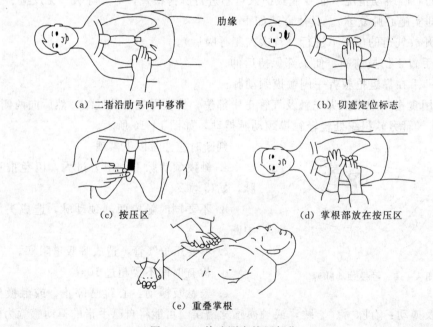

（a）二指沿肋弓向中移滑　　（b）切迹定位标志

（c）按压区　　（d）掌根部放在按压区

（e）重叠掌根

图1-18　快速测定按压部位

d. 按压姿势。正确的按压姿势如图1-19所示。抢救者双臂绷直，双肩在伤员胸骨上方正中，靠自身重量垂直向下按压。

e. 按压用力方式如图1-20所示：①按压应平稳，有节律地进行，不能间断；②不能冲击式的猛压；③下压及向上放松的时间应相等，如图1-20所示，压按至最低点处，应有一明显的停顿；④垂直用力向下，不要左右摆动；⑤放松时定位的手掌根部不要离开胸骨定位点，但应尽量放松，务使胸骨不受任何压力；⑥按压频率。按压频率应保持在 100 次/min；⑦按压与人工呼吸比例。按压与人工呼吸的比例关系通常是，单人为 30∶2，婴儿、儿童为 15∶2；⑧按压深度：通常，成人伤员为 4～5cm，5～13 岁伤员为 3cm，婴、幼儿伤员为 2cm；⑨胸外心脏按压有以下常见的错误：按压除掌根部贴在胸骨外，手指也压在胸壁上，这容易引起骨折（肋骨或肋软骨）；按压定位不正确，向下易使剑突受压折断而致肝破裂。向两侧易致肋骨或肋软骨骨折，导致气胸、血胸；按压用力不垂直，导致按压无效或肋

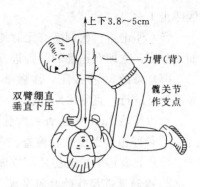

图 1-19　按压正确姿势

软骨骨折，特别是摇摆式按压更易出现严重并发症，如图 1-21（a）所示；抢救者按压时肘部弯曲，因而用力不够，按压深度达不到 4～5cm，如图 1-21（b）所示；按压冲击式、猛压，其效果差，且易导致骨折；放松时抬手离开胸骨定位点，造成下次按压部位错误，引起骨折；放松时未能使胸部充分松弛，胸部仍承受压力，使血液难以回到心脏；按压速度不自主地加快或减慢，影响按压效果；双手掌不是重叠放置，而是交叉放置，图 1-21（c）所示为胸外心脏按压常见错误。

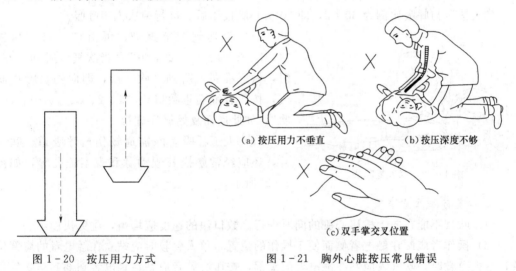

图 1-20　按压用力方式　　　图 1-21　胸外心脏按压常见错误

五、心肺复苏法综述

1. 操作步骤

（1）判断昏倒的人有无意识，如无反应，立即呼救，叫"来人啊！救命啊！"等。

（2）迅速将伤员放置于仰卧位，并放在地上或硬板上。

（3）开放气道：①仰头举颏或颌；②清除口、鼻腔异物。

（4）判断伤员有无呼吸（通过看、听和感觉来进行），如无呼吸，立即口对口吹气两口。

（5）保持头后仰，另一手检查颈动脉有无搏动，如有脉搏，表明心脏尚未停跳，可仅做人工呼吸，为 12～16 次/min。如无脉搏，立即在正确定位下在胸外按压位置进行心前

区叩击 1～2 次。

（6）叩击后再次判断有无脉搏，如有脉搏即表明心跳已经恢复，仅做人工呼吸即可，如无脉搏，立即在正确的位置进行胸外按压。

（7）每做 30 次按压，需做 2 次人工呼吸，然后再在胸部重新定位，再做胸外按压，如此反复进行，直到协助抢救者或专业医务人员赶来。按压频率为 100 次/min。

（8）开始 2min 后检查一次脉搏、呼吸、瞳孔，以后每 4～5min 检查一次，检查不超过 5s，最好由协助抢救者检查。

（9）如有担架搬运伤员，应该持续做心肺复苏，中断时间不超过 5s。

2. 心肺复苏操作的时间要求

0～5s：判断意识。5～10s：呼救并放好伤员体位。10～15s：开放气道，并观察呼吸是否存在。15～20s：口对口呼吸 2 次。20～30s：判断脉搏。30～50s：进行胸外心脏按压 30 次，并再人工呼吸 2 次，以后连续反复进行。以上程序尽可能在 50s 以内完成，最长不宜超过 1min。

3. 双人复苏操作要求

（1）两人应协调配合，吹气应在胸外按压的松弛时间内完成。

（2）按压频率为 100 次/min。

（3）按压与呼吸比例为 30∶2，即 30 次心脏按压后，进行两次人工呼吸。

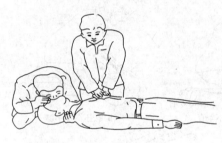

图 1-22　双人复苏法

（4）为达到配合默契，可由按压者数口诀"1、2、3、4、…、29，吹"，当吹气者听到"29"时，做好准备，听到"吹"后，即向伤员嘴里吹气，按压者继而重数口诀"1、2、3、4、…、29，吹"，如此周而复始循环进行。

（5）人工呼吸者除需通畅伤员呼吸道、吹气外，还应经常触摸其颈动脉和观察瞳孔等，如图 1-22 所示。

4. 心复苏法注意事项

（1）吹气不能在向下按压心脏的同时进行。数口诀的速度应均衡，避免快慢不一。

（2）操作者应站在触电者侧面便于操作的位置，单人急救时应站立在触电者的肩部位置；双人急救时，吹气人应站在触电者的头部，按压心脏者应站在触电者胸部、与吹气者相对的一侧。

（3）人工呼吸者与心脏按压者可以互换位置，互换操作，但中断时间不超过 5s。

（4）第二抢救者到现场后，应首先检查颈动脉搏动，然后再开始做人工呼吸。如心脏按压有效，则应触及到搏动，如不能触及，应观察心脏按压者的技术操作是否正确，必要时应增加按压深度及重新定位。

（5）可以由第三抢救者及更多的抢救人员轮换操作，以保持精力充沛、姿势正确。

5. 心肺复苏的有效指标、转移和终止

（1）心肺复苏的有效指标。心肺复苏术操作是否正确，主要靠平时严格训练，掌握正确的方法。而在急救中判断复苏是否有效，可以根据以下 5 个方面综合考虑：

1）瞳孔。复苏有效时，可见伤员瞳孔由大变小。如瞳孔由小变大、固定、角膜混浊，则说明复苏无效。

2）面色（口唇）。复苏有效，可见伤员面色由紫绀转为红润，如若变为灰白，则说明复苏无效。

3）颈动脉搏动。按压有效时，每一次按压可以摸到一次搏动，如若停止按压，搏动亦消失，应继续进行心脏按压；如若停止按压后脉搏仍然跳动，则说明伤员心跳已恢复。

4）神志。复苏有效，可见伤员有眼球活动，睫毛反射与对光反射出现，甚至手脚开始抽动，肌张力增加。

5）出现自主呼吸。伤员自主呼吸出现，并不意味可以停止人工呼吸。如果自主呼吸微弱，仍应坚持口对口呼吸。

（2）转移和终止。

1）转移。在现场抢救时，应力争抢救时间，切勿为了方便或让伤员舒服去移动伤员，从而延误现场抢救的时间。

现场心肺复苏应坚持不断地进行，抢救者不应频繁更换，即使送往医院途中也应继续进行。鼻导管给氧绝不能代替心肺复苏术。如需将伤员由现场移往室内，中断操作时间不得超过7s；通道狭窄、上下楼层、送上救护车等的操作中断不得超过30s。

将心跳、呼吸恢复的伤员用救护车送医院时，应在伤员背部放一块长宽适当的硬板，以备随时进行心肺复苏。将伤员送到医院而专业人员尚未接手前，仍应继续进行心肺复苏。

2）终止。何时终止心肺复苏是一个涉及医疗、社会、道德等方面的问题。不论在什么情况下，终止心肺复苏，决定于医生，或医生组成的抢救组的首席医生；否则不得放弃抢救。高压或超高压电击的伤员心跳、呼吸停止，更不应随意放弃抢救。

3）电击伤伤员的心脏监护。

被电击伤并经过心肺复苏抢救成功的电击伤，都应让其充分休息，并在医务人员指导下进行不少于48h的心脏监护。因为伤员在被电击过程中，由于电压、电流、频率的直接影响和组织损伤而产生的高钾血症，以及由于缺氧等因素，引起的心肌损害和心律失常，经过心肺复苏抢救，在心跳恢复后，有的伤员还可能会出现"继发性心跳停止"，故应进行心脏监护，以对心律失常和高钾血症的伤员及时予以治疗。

对前面详细介绍的各项操作，现场心肺复苏法应进行的抢救步骤可归纳如图1-23所示。

（3）抢救过程注意事项。

1）抢救过程中的再判定。

a. 按压吹气2min后（相当于单人抢救时做了5个30：2压吹循环），应用看、听、试方法在5～10s时间内完成对伤员呼吸和心跳是否恢复的再判定。

b. 若判定颈动脉已有搏动但无呼吸，则暂停胸外按压，而再进行2次口对口人工呼吸，接着每5s吹气一次（即12次/min）。如脉搏和呼吸均未恢复，则继续坚持心肺复苏法抢救。

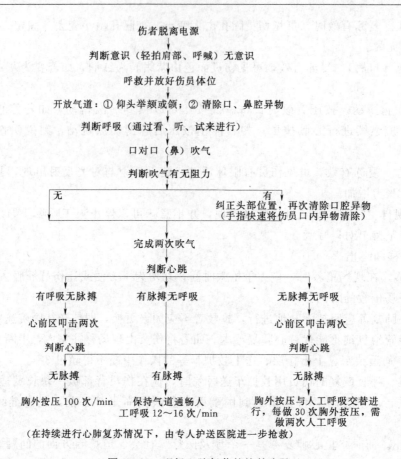

图 1-23 现场心肺复苏的抢救步骤

c. 抢救过程中，要每隔数分钟再判定一次，每次判定时间均不得超过 5～10s。在医务人员未接替抢救前，现场抢救人员不得放弃现场抢救。

2）现场触电抢救，对采用肾上腺素等药物应持慎重态度。如没有必要的诊断设备条件和足够的把握，不得乱用。在医院内抢救触电者时，由医务人员经医疗仪器设备诊断，根据诊断结果决定是否采用。

知识点三　急救 CPR 与 AED 应用

自 20 世纪 60 年代以来，心肺复苏（CPR）成为全球最为推崇也是普及最为广泛的急救技术。它既是专业的急救医学，也是现代救护的核心内容、最重要的急救知识技能。因为在紧急救护中没有比抢救心跳、呼吸骤停更为紧迫重要。

CPR 是针对骤停的心跳、呼吸采取的"救命技术"。其意义是不仅要使心肺的功能得以恢复，更重要的是恢复大脑功能，避免和减少"植物状态""植物人"的出现。所以，CPR 必须争分夺秒，尽早实施。

一、人体呼吸及系统常识

1. 呼吸系统

人体的呼吸系统由呼吸道及肺组成，如图 1-24 所示。呼吸道的气体进出的通道，包括鼻、咽、喉、气管、支气管及其分布。肺是进行气体交换的场所。呼吸系统的功能是给机体新陈代谢提供所需要的氧，排出体内代谢产物二氧化碳。

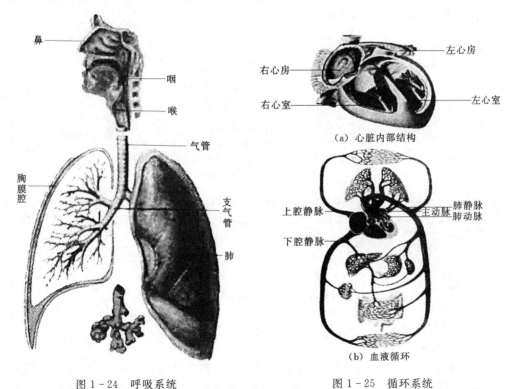

图 1-24　呼吸系统　　　　　图 1-25　循环系统

2. 循环系统

循环系统通常指的是血液循环系统，如图 1-25 所示。循环系统由心脏及血管组成。

心脏是血液循环的"发动机""动力泵"，保证心脏血液定向流动。心脏位于胸腔中纵隔内，其约 2/3 在正中线的左侧。血管包括动脉、静脉及毛细血管，是血液流动的管道。

血液由血浆和血细胞（红细胞、白细胞、血小板）组成，占自身体重的 7%～8%（60～80mL/kg 血液）。血液的主要功能是将机体代谢所需要的氧、营养物质运送到组织细胞，其代谢产物运送到肺、肾、皮肤和肠管，排出体外。

二、急救 CPR

1. 适用范围

急救 CPR 适用于各种原因引起的呼吸、心跳骤停的伤病员。在日常生活中，最为常见的原因是冠心病，其他常见原因有电击、溺水、创伤、中毒、窒息等急症。

根据有关资料统计，冠心病病人 70% 死于医院外。从死亡时间看，40% 死于发病后的 15min 内，另 30% 死于发病后的 15min～2h 内。

2. 心跳呼吸骤停的判断依据

（1）突然意识丧失，病人昏倒于各种场合。

（2）面色苍白或转为紫绀。

（3）瞳孔散大。

（4）抽搐及大小便失禁。

3. CPR 操作流程图

CPR 操作流程如图 1-26 所示。

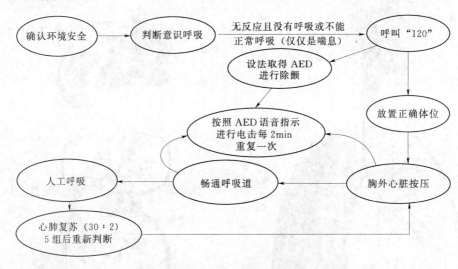

图 1-26　CPR 操作流程图

4. CPR 操作步骤

（1）确认环境安全。

（2）判断意识及呼吸。救护员轻拍伤病员肩膀，高声呼喊："喂，您怎么啦！"确认无反应，且没有呼吸或几乎不能正常呼吸（仅仅是喘息），进行下一步骤，如图 1-27 所示。

（3）高声呼救："快来人呀，救命啊！这里有人晕倒了，快拨打急救电话'120'"，如图 1-28 所示。

图 1-27　判断意识及呼吸

图 1-28　高声呼救

1）现场只有救护员一人时：

a. 先呼救再急救，目击伤病人突然倒地，最有可能是因为心脏问题所引起的心跳停止，应先呼救并尽快取得自动体外除颤器（AED），速回现场进行急救，直到医疗救护人员到达接手抢救。

b. 先急救再呼救，任何年龄发生缺氧性心跳停止的状况，如溺水、创伤、药物中毒或小于 8 岁的儿童，先做 2min 的 CPR，即 30 次人工胸外按压和 2 次人工呼吸（30∶2）5 个循环，再拨打急救电话。

2）现场还有其他人在场时：呼救和急救同时进行，一名施救者立即进行 CPR，请人拨打急救电话，并尽快取得自动体外除颤器（AED），速回现场进行急救，直到医疗救护人员到达接手抢救。

（4）放置体位。将伤病员翻成仰卧姿势，放在坚硬的平面上。

1）将伤病员双侧上臂向上伸直，保护其颈部做整体翻身。

2）将伤病员放置心肺复苏体位，救护员跪于伤病员一侧，如图 1-29 所示。

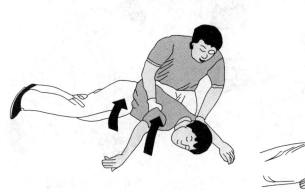

（a）保护颈部做整体翻身

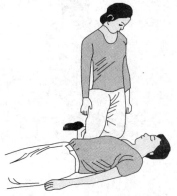

（b）心肺复苏体位

图 1-29　放置体位

（5）胸外心脏按压。救护员将一只手的食指、中指并拢，置于伤病员颈前（甲状软骨）正中线，向外滑动至甲状软骨与胸锁乳突肌之间的凹陷处，稍加力度触摸颈动脉的搏动，如图 1-30 所示。救护员检查脉搏的时间不应超过 10s，如果 10s 内没有明确触摸到脉搏搏动，应立即进行胸外心脏按压并使用 AED（如果有）。如果救护员不是医务人员，则现场可不触摸脉搏，仅判断病人无反应，且呼吸或几乎不能正常呼吸（仅仅是喘息），即可直接进入胸外心脏按压步骤。

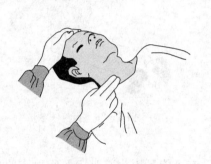

图 1-30 触摸颈动脉

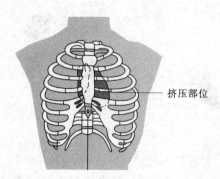

挤压部位

图 1-31 按压部位

胸外心脏按压步骤如下：

1）按压部位。胸骨中下 1/3 处，胸部正中两乳头连线水平的胸骨处，如图 1-31 所示。

2）按压手法。救护员一手掌根置于按压区定位，该手掌的根部横轴与胸骨的长轴重合，再用另一只手掌根重叠于其手背上，呈一字形重叠。两手手指互扣上翘，使手指脱离胸壁，如图 1-32 所示。

3）救护员身体姿势。救护员上半身前倾，双肩中点在按压点的正上方。双臂伸直（肘关节伸直）。借助救护员自身上半身体重和肩臂部肌肉的力量，垂直向下用力按压，如图 1-33 所示。

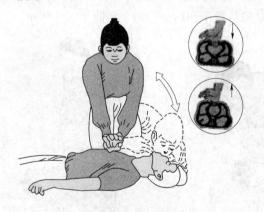

图 1-32 按压手法

图 1-33 按压者身体姿势

4）按压的用力方式。按压用力要均匀，不可过猛。按压与放松的时间相等。每次放松时必须完全解除压力，胸部回到正常位置，但掌根不能离开胸壁。垂直用力向下，不能左右摆动。

5）按压频率与深度。按压的频率至少 100 次/min，按压的深度，成人至少 5cm，儿童和婴儿至少胸部前后径的 1/3（儿童大约为 5cm，婴儿大约为 4cm），尽量减少中断按压的次数。

　　6）胸外心脏按压与人工呼吸的比率。不论是单人还是两人施救者，成人胸外心脏按压与人工呼吸之比均为 30∶2。儿童、婴儿胸外心脏按压与人工呼吸之比为 30∶2（单人施救者）或 15∶2（两名医务人员施救者）。

　　（6）畅通呼吸道。伤病员呼吸心跳骤停后，全身肌肉松弛，口腔内的舌肌也松弛，舌根后坠阻塞呼吸道。因此，应采用仰头举颏法、双下颌上提法来开放气道，使阻塞呼吸道的舌根上提，呼吸道畅通。成人开放气道应使其头部后仰的程度为伤病员下颌角与耳垂的连线与地面垂直，如图 1-34 所示。

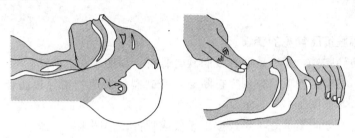

图 1-34　打开气道

　　1）仰头举颏法。一手置于伤病员的前额，手掌向后方施加压力；另一手的食指与中指并拢托起下颏；使伤病员口张开，如图 1-35 所示。

　　2）双下颌上提法。把两只手放在伤病员头部的两边，抓住伤病员下颌角，边牵引边举起下颌。双下颌上提法适合于疑有颈部受伤的伤病员，如图 1-36 所示。

图 1-35　仰头举颏法　　　　　　　　图 1-36　双下颌上提法

　　（7）人工呼吸。在第一轮胸外按压 30 次后，进行口对口（口对鼻、口对口鼻）人工吹气两次，救护员将放在伤病员前额的手的拇指和食指捏紧伤病员的鼻翼，以防气体从鼻孔逸出。救护员吸一口气，用双唇包严伤病员口唇周围，缓慢持续将气体吹入（吹气时间约 1min），同时用眼角余光观察病人胸部是否起伏，以确定吹气是否有效。成人每 5～6s吹气 1 次，吹气频率为 10～12 次/min（正常成人的呼吸频率为 16～20 次/min），每次吹气量为 500～600mL（伤病员胸廓抬起）。吹气完毕，救护员松开捏鼻的手，侧头吸入新鲜空气并观察伤病员胸部回落情况，准备进行第二次吹气。

　　在进行有效的 CPR 操作时，能提供心脏排血量是正常排血量的 25%～33%。因为从肺部得到的氧气与送出的二氧化碳也同样减少，所以较少的通气量，在 CPR 中仍能维持有效的气体交换。

（8）重复步骤（5）、（6）、（7）。30次人工胸外按压和2次人工呼吸（30∶2）5个循环后重新判断。如有其他救护员在场协助时，进行CPR每5个循环（约2min）换手一次，直到医疗救护员接手或伤病员有反应。进行CPR每5个循环换手时，更换间隔时间不超过5s。

（9）持续复苏。若伤病员有反应，呼吸恢复，但仍无意识，采用复苏体位，并观察评估呼吸，尽快送医院继续抢救。

（10）使用自动体外除颤器（AED）。若有AED到达，按AED机器指示（语音或显示灯）进行观察。

三、胸外心脏按压常见的错误

（1）手指碰到胸壁：易导致肋骨或肋软骨骨折，如图1-37所示。

（2）定位不正确：向下错位剑突折断导致肝破裂；向两侧错导致肋骨或肋软骨骨折，引起气胸、血胸，如图1-38所示。

（3）按压用力方向不垂直：导致按压无效或骨折，如图1-39所示。

（4）肘部弯曲：导致用力不够，按压深度达不到4～5cm，如图1-40所示。

（5）冲击式猛压：效果差并且容易发生骨折，如图1-41所示。

（6）放松时抬起离开胸骨定位点：造成下次按压部位错误，引起骨折，如图1-42所示。

（7）放松时未能使胸部充分解除压力：使血液难以回到心脏，如图1-43所示。

（8）两手掌不是呈一字形重叠放置：而是呈十字形交叉放置，如图1-44所示。

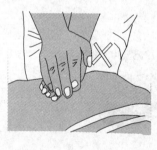
图1-37 错误一

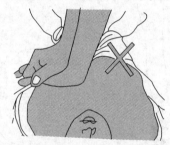
图1-38 错误二

图1-39 错误三

图1-40 错误四

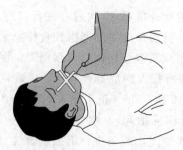
图1-41 错误五

图1-42 错误六

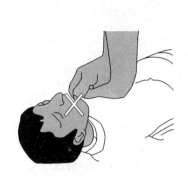

图 1-43　错误七　　　　　　　图 1-44　错误八

四、儿童、婴儿心肺复苏

儿童、婴儿打开气道打开时，下颌角与耳垂的连线与地面分别为 60°、30°角，如图 1-45 所示。

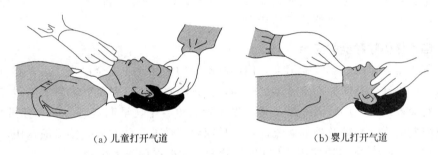

(a) 儿童打开气道　　　　　　　(b) 婴儿打开气道

图 1-45　儿童、婴儿打开气道

1. 人工呼吸

儿童吹气方法与成人相同，婴儿采用口对口鼻吹气。吹气量适当减少，以胸部抬起为宜。儿童、婴儿均为每 3~5s 吹气一次，吹气频率为 10~20 次/min，如图 1-46 所示。

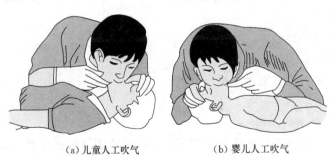

(a)儿童人工吹气　　　　　　(b)婴儿人工吹气

图 1-46　儿童、婴儿吹气

2. 胸外心脏按压

儿童按压定位与成人相同，单手掌根有节奏垂直向下按压，下压深度约 5cm；婴儿按压定位在两乳头连线与胸骨交界正中下一横指处，用中指和环指同时用力垂直下压，下压深度约 4cm。按压频率至少 100 次/min。按压与人工呼吸之比为 30∶2（单人施救）或

15∶2（两名施救者）。

五、CPR 有效指征

（1）伤病员面色、口唇由苍白、紫绀转为红润。

（2）恢复自主呼吸及脉搏搏动。

（3）扩大的瞳孔缩小。

（4）眼球活动，手足抽动，呻吟。

六、CPR 终止条件

CPR 应坚持连续进行，即使在需要检查呼吸、循环体征的情况下，也不能停止超过 10s。如有以下情况可作为终止条件。

（1）自主呼吸及心脏搏动已有良好恢复。

（2）有其他人接替抢救，或有医师到场承担了复苏工作。

（3）有医师到场确定伤病员已死亡。

（4）急救现场出现危险情况或其他情形使 CPR 无法继续进行。

（5）施救者持续实施复苏，已精疲力竭。

七、自动体外除颤器的应用

当心脏正常规律的心室收缩消失，但心脏本身的活动并非完全停止，而是心肌处在一种杂乱无章的蠕动状态时称心室纤维性颤动，简称心室纤颤或室颤。大量的实践和研究资料表明，对突发的院外心脏骤停以及其他猝死者的抢救中，早期进行心肺复苏虽然重要，但是，只能暂时维持心脏及脑部血流，对于早期致死性的室颤并无直接除颤作用，唯有目击者尽早进行 CPR，并尽快使用 AED 进行除颤，才能挽回患者生命。

1. 自动体外除颤器的特征

一般医院使用的电除颤器，须由专业医生进行操作，故自动体外 AED 就应运而生。救护员只需接受短暂的培训练习，按照机器指示，就能成功地将伤病员由室颤转成正常心律，以挽救生命。AED 有以下特征及功能：

（1）正确分析心律。

（2）辨别需要电击的心律。

（3）自动充电至适当能量。

（4）建议操作者（语音提示）执行电击。

（5）操作简单、容易学习等。

2. 自动体外除颤器的应用

（1）使用条件。首先要评估伤病员的情况，在无意识且没有呼吸或几乎没有正常呼吸时使用自动体外 AED。

（2）使用方法。

1）救护员将两个除颤电极与自动体外 AED 连接，一个电极片置于伤病员右锁骨下方，另一个置于伤病员左乳房外侧并固定，如图 1 - 47 所示。

2）启动自动体外 AED 心律分析按键，分析后确认需要除颤，自动体外 AED 发出充电信号，自动充电完毕后，按动除颤放电键，完成一次除颤。

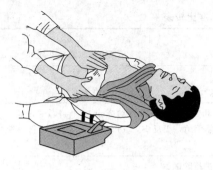

图 1-47 自动体外 AED 连接

3）完成一次电击后，立即进行心肺复苏。

（3）注意事项。

1）伤病员身体潮湿或在水中会引起伤害，影响使用效果，应移离水面，擦干胸部。

2）胸前有药物贴片会影响电流的传导，导致皮肤烧伤，应先移除药物贴片，擦拭干净。

3）胸毛太长会导致皮肤烧伤，电击贴片不易贴牢，需先剃除。

4）将有体内心律调节器或 AED 者，因电击时会破坏心律调节器功能，故电击贴片不可贴于其上。

成人 CRP 流程见表 1-5，成人、儿童和婴儿 CPR 最新标准比较见表 1-6。

表 1-5　　　　　　　　　　　　成人 CRP 流程表

动作流程	动作要领
确认环境安全	（1）评估现场。 （2）排除危险因素，确认环境安全
判断意识呼吸	（1）轻拍病人双肩。 （2）呼喊"喂，您怎么了?" （3）无反应、不会动，没有呼吸或几乎不能正常呼吸
大声呼救	（1）快来人啊，这里有人晕倒了。 （2）请赶快帮忙打"120"急救电话，打完告诉我。 （3）尽快取回 AED 进行除颤。 （4）有会救护的人赶快来帮忙
摆放体位	（1）保护颈部做整体翻动。 （2）放置仰卧体位。 （3）躺在平坦的地面或硬板上
胸部按压（C）	（1）胸部正中两乳头连线水平。 （2）双手掌根呈一字形重叠，手指交叉互扣上翘。 （3）肘关节伸直用身体上身的力量垂直下压，双肩连线中点在按压点正上方。 （4）快速有力按压，下压深度至少 5cm，以至少 100 次/min 的速率按压 30 次
开放气道（A）	（1）清除口鼻异物。 （2）解开衣领。 （3）仰头举颏法
人工呼吸（B）	（1）置气道为开放状态。 （2）拇指、食指捏住鼻子。 （3）口对口吹气 2 次。 （4）看胸部有无起伏
再评估	（1）重复进行胸部按压与人工呼吸（30：2）5 个循环。 （2）重新评估。 （3）复苏成功送医院继续抢救

注：若施救者不愿意或不能对伤病员进行口对口人工呼吸时，则直接进行胸部按压的方式急救，直到医疗救护人员接手或伤病员有反应。

表 1-6　　　　　　　　　　　成人、儿童和婴儿 CPR 最新标准比较表

步骤/动作		成人 大于 8 岁	儿童 1～8 岁	婴儿 小于 1 岁（新生儿除外）
判断 意识及呼吸		(1) 拍肩并大声呼叫确定无反应（所有年龄）。 (2) 没有呼吸或几乎不能正常呼吸（即仅仅是喘息）		
大声 呼救	单人	目击伤病人突然倒地，无反应，立即呼救"120"，取得 AED 进行除颤	(1) 先做 CPR（30∶2）5 个循环（约 2min），再呼救"120"。 (2) 目击患童突然倒地，无反应，立即呼救"120"，取得 AED 进行除颤	
	双人	一人进行急救，另一人呼救"120"，并取得 AED 进行除颤		
CPR 程序		C-A-B		
C 胸 部 按 压	按压位置	胸部胸骨下切迹上两横指胸骨正中部或胸部正中两乳头连线水平（胸骨下 1/2 段）		两乳头连线正中下方胸骨中央
	按压方式	双手掌根重叠手指互扣	双手掌根重叠手指互扣/一只手掌根	两根手指或两拇指
	按压深度	至少 5cm	约 5cm（至少胸部前后径 1/3）	约 4cm（至少胸部前后径 1/3）
	按压频率	至少 100 次/min		
	胸廓回弹	保证每次按压后胸廓回弹　每 2min（5 个循环）交换一次		
	按压中断	尽可能减少胸外按压的中断　尽可能将中断时间控制在 10s 以内		
		10～12 次/min 5～6s 吹气一次	10～20 次/min 3～5s 吹气一次	10～20 次/min 3～5s 吹气一次
A	畅通气道	仰头举颏法，怀疑有外伤采用双下颌上提法		
B	人工呼吸	两次人工呼吸（每次吹气 1s，可见胸部有起伏）		
按压通气比		30∶2（单人或双人）	30∶2（单人）或 15∶2（双人）	
CPR 周期		重复 30∶2 按压与通气 5 个循环周期 CPR		
AED		有 AED 设备条件情况下，尽快连接并使用 AED。尽可能缩短电击前后的胸外按压中断；每次电击后立即从按压开始心肺复苏		

知识点四　常见急救知识

在电工作业中，触电、高空坠落、撞击和卷轧以及交通事故等，均可以产生意外伤害。意外伤害又称为创伤，创伤急救就是在现场保护伤员生命，减轻伤员痛苦，并根据伤情需要，迅速与医疗部门联系救治。

创伤急救要求是先抢救、后固定、再搬运，并注意采取措施，防止伤情加重或污染。需要送医院救治的，应立即做好保护伤员措施后送医院救治。急救成功的条件是：动作快，操作正确，任何延迟和误操作均可加重伤情，并可导致死亡。

抢救前先使伤员安静躺平，判断全身情况和受伤程度，如有无出血、骨折和休克等。外部出血立即采取止血措施，防止失血过多而休克。外观无伤，但呈休克状态，神志不清或昏迷者，要考虑胸腹部内脏或脑部受伤的可能性。为防止伤口感染，应用清洁布片覆盖。救护人员不得用手直接接触伤口，更不得在伤口内填塞任何东西或随便用药。

搬运时应使伤员平躺在担架上，腰部束在担架上，防止跌下。平地搬运时伤员头部在后，上楼、下楼、下坡时头部在上，搬运中应严密观察伤员，防止伤情突变。伤员搬运时的方法如图1-48所示。

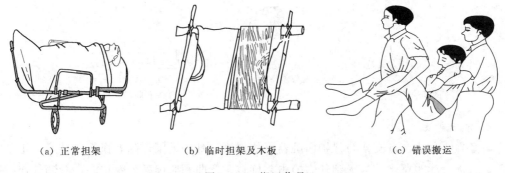

(a) 正常担架　　　　　　(b) 临时担架及木板　　　　　　(c) 错误搬运

图1-48　搬运伤员

若怀疑伤员有脊椎损伤（高处坠落者），在放置体位及搬运时必须保护脊柱不扭曲、不弯曲，应将伤员平卧在硬质平板上，并设法用沙土袋（或其他代替物）放置头部及躯干两侧以适当固定之，以免引起截瘫。

1. 止血

急性出血是外伤后早期致死的主要原因。血液是维持生命的重要物质保障，成人的血液约占自身体重的8%，一个体重50kg的人，血液约占有4000mL。外伤出血时，当失血量达到总血量的20%以上时，会出现明显的休克症状。当失血量达到总血量的40%时，就会有生命危险。现场抢救时，首要的是采取紧急止血措施，防止因大出血引起休克甚至死亡。因而判断出血的性质对抢救具有一定的指导意义。

伤口渗血时，应用较伤口稍大的消毒纱布数层覆盖伤口，然后进行包扎。若包扎后仍有较多渗血，可再加绷带适当加压止血。

伤口出血呈喷射状或鲜红血液涌出时，立即用清洁手指压迫出血点上方（近心端），使血流中断，并将出血肢体抬高或举高，以减少出血量。

用止血带或弹性较好的布带等止血时（图1-49），应先用柔软布片或伤员的衣袖等数层垫在止血带下面，再扎紧止血带以刚使肢端动脉搏动消失为度。上肢每60min、下肢每80min放松一次，每次放松1~2min。开始扎紧与每次放松的时间均应书面标明在止血带旁。扎紧时间不宜超过4h。不要在上臂中1/3处和窝下使用止血带，以免损伤神经。若放松时观察已无大出血可暂停使用。

严禁用电线、铁丝、细绳等作止血带使用。

高处坠落、撞击、挤压可能有胸腹内脏破裂出血。受伤者外观无出血但常表现面色苍白、脉搏细弱、气促、冷汗淋漓、四肢厥冷、烦躁不安、甚至神志不清等休克状态，应迅速躺平，抬高下肢（图1-50），保持温暖，速送医院救治。若送院途中时间较长，可给伤员饮用少量糖盐水。

图1-49　止血带

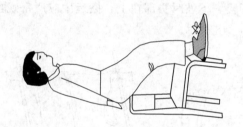

图1-50　抬高下肢

2. 骨折急救

骨髓在人体内起着支架与保护内脏器官的作用，骨髓周围伴随有血管和神经。正常情况下，人体骨髓很坚硬，当受到外力撞击、旋转、弯曲和肌肉猛烈牵拉时，骨髓的连续性和完整性受到破坏，可能发生完全或不完全的断裂，称为骨折。

骨折是电工职工常见的损伤，其周围软组织，如血管、神经等也可能受到不同程度的损伤，其中主要有腰脊、四肢、胸脊和颈脊的骨折。由于外伤等因素，破坏了骨的连续性或完整性，称为外伤骨折。

导致外伤性骨折的原因主要有以下几种：

（1）直接暴力。受暴力直接打击发生的骨折，如交通事故引起的骨折多属此类。

（2）间接暴力。如从高处跌下，足先着地，引起的脊椎骨折为间接暴力引起的骨折。

（3）肌肉拉力。如骤然跪倒时发生的髌骨骨折，投掷物体不当时引起的肱骨骨折。当骨折发生时，骨折的断端容易损伤骨髓旁边的重要血管、神经或脏器。

　　骨折固定的目的是止痛、制动、减轻伤员痛苦、防止伤情加重、防止休克、保护伤口、防止感染、便于运送。

　　肢体骨折可用夹板或木棍、竹竿等将断骨上、下方两个关节固定，如图1-51所示，也可利用伤员身体进行固定，避免骨折部位移动，以减少疼痛，防止伤势恶化。

　　开放性骨折，伴有大出血者，先止血再固定，并用干净布片覆盖伤口，然后速送医院救治。切勿将外露的断骨推回伤口内。

 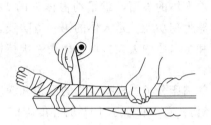

　　　　（a）上肢骨折固定　　　　　　　　　（b）下肢骨折固定

图1-51　骨折固定方法

　　疑有颈椎损伤，在使伤员平卧后，用沙土袋（或其他代替物）放置头部两侧（图1-52）使颈部固定不动。应进行口对口呼吸时，只能采用抬颏使气道通畅，不能再将头部后仰移动或转动头部，以免引起截瘫或死亡。

　　腰椎骨折应将伤员平卧在平硬木板上，并将腰椎躯干及二侧下肢一同进行固定，预防瘫痪（图1-53）。搬动时应数人合作，保持平稳，不能扭曲。

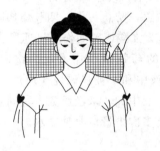 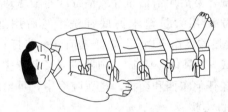

　　图1-52　颈椎骨折固定　　　　　　图1-53　腰椎骨折固定

3. 颅脑外伤

　　交通事故撞击、高空坠落、重物落于头部或爆炸事故常发生颅脑损伤和颅骨骨折。外伤时可仅仅头皮裂伤，也可有线形骨折、凹陷骨折或粉碎性骨折。脑组织与外界相通时称为开放性骨折。颅外伤时应警惕颈椎骨折。

　　颅脑外伤现场急救方法如下：

　　（1）神志清醒，无脊柱外伤者可取半卧位，有恶心和呕吐者应取侧卧位。平卧位对于休克者比较适宜。脑外伤者常突然发生呕吐而无事先恶心。

　　（2）严密观察生命体征、瞳孔变化，并同时作简单对话以帮助判断。

　　（3）确保气道畅通，呼吸平顺。怀疑有颈椎骨折者只能用托颌法，不能使头部后仰。

（4）止血包扎。不要作伤口清理或敷药。颅骨外伤的凹陷处不得加压止血，以免压伤脑组织。如颅脑内有异物嵌入切勿取出。

（5）外耳道、鼻孔有液体流出时，只可轻轻擦去，不能用棉花等物堵塞，以免脑压增高。告诉伤员自己也不能擤鼻或重新将液体吸入鼻内，以免引起颅内感染。

（6）颅脑外伤极为严重，伤情复杂多变。应该迅速急送医院治疗。搬运前先固定，颈部保持正直位。

4. 烧伤急救

皮肤覆盖着人体的表面，重量约占体重的 1/16，是一个很大的器官，具有感觉、调节温度、分泌等生理功能；是人体的第一道防线，能防止病菌或其他有害物体侵入；防止体液、电解质和蛋白质的丢失，保护生命，维持机体与环境相适应，并保持体表器官的正常外形与功能。

（1）烧伤的临床分类。根据烧伤的面积和深度分为以下几类：

1）轻度烧伤：总面积小于 10% 的 Ⅱ 度烧伤。

2）中度烧伤：总面积在 11%～30% 或 Ⅲ 度小于 10%。

3）重度烧伤：总面积在 31%～50% 或 Ⅲ 度在 10%～20% 之间。总面积虽小于 20%，但有下列情况也算重度烧伤：

a. 全身情况差，或已有休克者。

b. 合并严重创伤或化学中毒。

c. 重度呼吸道烧伤。

4）特重烧伤：总面积大于 50% 或 Ⅲ 度大于 20% 以上者。

（2）烧伤现场急救。电灼伤、火焰烧伤或高温气、水烫伤均应保持伤口清洁。伤员的衣服鞋袜用剪刀剪开后除去。伤口全部用清洁布片覆盖，防止污染。四肢烧伤时，先用清洁冷水冲洗，然后用清洁布片或消毒纱布覆盖送医院。强酸或碱灼伤应迅速脱去被溅染衣物，现场立即用大量清水彻底冲洗，然后用适当的药物给予中和；冲洗时间不短于 10min；被强酸烧伤应用 5% 碳酸氢钠（小苏打）溶液中和；被强碱烧伤应用 0.5%～5% 醋酸溶液或 5% 氯化铵或 10% 枸橼酸（又名柠檬酸）液中和。未经医务人员同意，灼伤部位不宜敷搽任何东西和药物。送医院途中，可给伤员多次少量口服糖盐水。

5. 冻伤急救

低温对人体的损伤可分为冻疮、冻伤和冻僵。

冻伤的现场急救可分轻、中度冻伤的处理和重度冻伤的急救。

冻伤使肌肉僵直，严重者深及骨骼，在救护搬运过程中动作要轻柔，不要强使其肢体弯曲活动，以免加重损伤，应使用担架，将伤员平卧并抬至温暖室内救治。将伤员身上潮湿的衣服剪去后用干燥柔软的衣服覆盖，不得烤火或搓雪。全身冻伤者呼吸和心跳有时十分微弱，不应误认为死亡，应努力抢救。

6. 毒蛇咬伤急救

（1）毒蛇咬伤后的主要特征。局部表现主要有牙痕、疼痛、浮肿、红斑等 4 个特征。

全身表现，常有全身乏力、呕吐、腹痛、流涎、脉搏变化、呼吸困难、出血、眩晕、神经系统损害，甚至惊厥、休克、呼吸循环衰竭。

（2）毒蛇咬伤的现场急救。毒蛇咬伤后，不要惊慌、奔跑、饮酒，以免加速蛇毒在人体内扩散。咬伤大多在四肢，应迅速从伤口上端向下方反复挤出毒液，然后在伤口上方（近心端）用布带扎紧，将伤肢固定，避免活动，以减少毒液的吸收。有蛇药时可先服用，再送往医院救治。

7. 犬咬伤

犬咬伤的问题在于能否判别疯犬和一般犬咬伤。疯犬咬伤后可以发生"狂犬病"。狂犬病是由一种亲神经病毒引起的传染病，主要侵犯神经系统。被咬伤或者被抓伤后，病犬唾液中的病毒从伤口进入人体，并侵入神经中枢。受伤后到发病的潜伏期长短不同，一般为 2～16 周，最长可达数年之久。这可能与病毒量、伤口深浅和伤口的部位有关系。

（1）疯犬咬伤后的病发表现。

1）疯犬咬伤一段时间后，原已痊愈的伤口又会发生"蚁走感"，痛痒感或麻木感，疲乏无力，低热。

2）狂犬病又名"恐水病"。伤员由于咽喉的痛性痉挛，不能吞咽。非但怕水，同时怕光、怕风、怕响声。

3）随病情进展，病员烦躁不安，全身痉挛、幻视、幻听，唾液分泌增多。更进一步呼吸麻痹、终止呼吸和心力衰竭死亡。

（2）犬咬伤后的现场急救。犬咬伤后应立即用浓肥皂水或清水冲洗伤口至少 15min，同时用挤压法自上而下将残留伤口内唾液挤出，然后再用碘酒涂搽伤口。少量出血时，不要急于止血，也不要包扎或缝合伤口。尽量设法查明该犬是否为"疯狗"，对医院制订治疗计划有较大帮助。

8. 溺水急救

当人体坠落水中被淹没时，水进入呼吸道，使氧气不能进入，冷水或吸水的刺激又引起反射性咽喉及气道的痉挛，若不及时抢救，或引起窒息缺氧和心跳停止。

（1）溺水分类：

1）干性溺水。吸入水量少，约占溺水的 20％。

2）湿性溺水。肺内吸入水分，约占溺水的 80％。

（2）溺水的现场急救。发现有人溺水应设法迅速将其从水中救出，呼吸心跳停止者用心肺复苏法坚持抢救。曾受水中抢救训练者在水中即可抢救。口对口人工呼吸因异物阻塞发生困难，而又无法用手指除去时，可用两手相叠，置于脐部稍上正中线上（远离剑突）迅速向上猛压数次，使异物退出，但也不能用力太大。溺水死亡的主要原因是窒息缺氧。由于淡水在人体内能很快经循环吸收，而气管能容纳的水量很少，因此在抢救溺水者时不应"倒水"而延误抢救时间，更不应仅"倒水"而不用心肺复苏法进行抢救。

9. 高温中暑急救

人在高温影响或烈日曝晒下，由于人体产热和散热平衡失调，进而体温调节功能紊乱。因此在高温和热辐射的长时间作用下，特别是同时伴有湿度高、风速较小、通风不良、健康欠佳和重体力劳动，并且防暑措施做得不好，将会发生中暑。根据发病机制，中暑可分 3 种类型，即热痉挛、日射病和热射病。

烈日直射头部，环境温度过高，饮水过少或出汗过多等可以引起中暑现象，其症状一般为恶心、呕吐、胸闷、眩晕、嗜睡、虚脱，严重时抽搐、惊厥甚至昏迷。应立即将病员从高温或日晒环境转移到阴凉通风处休息。用冷水擦浴，湿毛巾覆盖身体，电扇吹风，或在头部置冰袋等方法降温，并及时给伤员口服盐水。严重者送医院治疗。

10. 有害气体中毒急救

气体中毒开始时有流泪、眼痛、呛咳、咽部干燥等症状，应引起警惕。稍重时会头痛、气促、胸闷、眩晕。严重时会引起惊厥昏迷。怀疑可能存在有害气体时，应即将人员撤离现场，转移到通风良好处休息。抢救人员进入险区应戴防毒面具。已昏迷病员应保持气道通畅，有条件时给予氧气吸入。呼吸心跳停止者，按心肺复苏法抢救，并联系医院救治。迅速查明有害气体的名称，供医院及早对症治疗。

技能训练一　国家电网公司电力安全工作规程变电站和发电厂电气部分安全规程考卷

一、单选题（25 分）

1. 外单位承担或外来人员参与公司系统电气工作的工作人员，应熟悉国家电网公司电力安全工作规程（变电部分），并经考试合格，经（　　）认可，方可参加工作。
   - A. 聘用单位
   - B. 设备运行管理单位
   - C. 发包单位
   - D. 用工单位

2. 各类作业人员有权（　　）违章指挥和强令冒险作业。
   - A. 制止
   - B. 拒绝
   - C. 举报

3. 电力安全工作规程要求，作业人员对电力安全工作规程应（　　）考试一次。
   - A. 两年
   - B. 每年
   - C. 三年

4. 作业现场的生产条件和安全设施等应符合有关标准、规范的要求，工作人员的（　　）应合格、齐备。
   - A. 穿戴
   - B. 劳动防护用品
   - C. 器材
   - D. 工具

5. 各类作业人员应被告知其作业现场和工作岗位存在的危险因素、防范措施及（　　）。
   - A. 事故紧急处理措施
   - B. 紧急救护措施
   - C. 应急预案
   - D. 逃生方法

6. 作业人员的基本条件之一：经（　　）鉴定，作业人员无妨碍工作的病症。
   - A. 领导
   - B. 医疗机构
   - C. 医师
   - D. 专业机构

7. 作业人员的基本条件规定，作业人员的体格检查每（　　）至少一次。
   - A. 三年
   - B. 四年
   - C. 两年
   - D. 一年

8. 高压电气设备：电压等级在（　　）V 及以上者。
   - A. 1000
   - B. 250
   - C. 500
   - D. 380

9. 高压设备上全部停电的工作，系指室内高压设备全部停电（包括架空线路与电缆引入线在内），并且通至邻接（　　）的门全部闭锁，以及室外高压设备全部停电（包括架空线路与电缆引入线在内）。
   - A. 工具室
   - B. 控制室
   - C. 高压室
   - D. 蓄电池室

10. 倒闸操作时要求单人操作、（　　）在倒闸操作过程中严禁解锁。
    - A. 检修人员
    - B. 运行人员
    - C. 操作人员

11. 遥控操作、程序操作的设备必须满足有关（　　）。
    - A. 安全条件
    - B. 技术条件
    - C. 安全要求

12. 10kV、20kV、35kV 户外配电装置的裸露部分在跨越人行过道或作业区时，若导电部分对地高度分别小于 2.7m、2.8m、2.9m，该（　　）两侧和底部须装设护网。

A. 导电部分　　　　B. 裸露部分　　　　C. 配电装置

13. 倒闸操作要求操作中应认真执行监护（　　）制度（单人操作时也必须高声唱票），宜全过程录音。

A. 录音　　　　　　B. 复查　　　　　　C. 复诵

14. 工作票由设备运行管理单位签发，也可由经设备运行管理单位审核且经批准的（　　）签发。

A. 调度部门　　　　B. 设计单位　　　　C. 修试及基建单位

15. 工作票的使用规定：一张工作票内所列的工作，若至预定时间，一部分工作尚未完成，需继续工作者，在送电前，应按照（　　）情况，办理新的工作票。

A. 原工作票　　　　　　　　　B. 送电后现场设备带电

C. 当前现场设备带电

16. 工作负责人（监护人）应是具有相关工作经验，熟悉设备情况和电力安全工作规程，经（　　）书面批准的人员。

A. 本单位调度部门　　　　　　B. 工区（所、公司）生产领导

C. 本单位安全监督部门

17. 工作负责人、（　　）应始终在工作现场，对工作班人员的安全认真监护，及时纠正不安全的行为。

A. 工作票签发人　　B. 专责监护人　　C. 工作许可人

18. （　　）是在电气设备上工作保证安全的组织措施之一。

A. 交接班制度　　　B. 工作票制度　　C. 操作票制度

19. （　　）是在电气设备上工作保证安全的组织措施之一。

A. 工作监护制度　　B. 停役申请　　　C. 交接班制度

20. 工作票制度规定，工作负责人允许变更（　　）次。原、现工作负责人应对工作任务和安全措施进行交接。

A. 一　　　　　　　B. 二　　　　　　　C. 三

21. 电气设备发生故障被迫紧急停止运行，需短时间内恢复的抢修和排除故障的工作，应（　　）。

A. 使用一种工作票　　　　　　B. 使用二种工作票

C. 执行口头或电话命令　　　　D. 使用事故应急抢修单

22. 工作票制度规定，需要变更工作班成员时，应经（　　）同意。

A. 工作许可人　　　　　　　　B. 工作负责人

C. 变电站值班员　　　　　　　D. 工作票签发人

23. 许可工作时，工作许可人应和工作负责人在工作票上分别（　　）。

A. 注明注意事项　　　　　　　B. 确认、签名

C. 签名　　　　　　　　　　　D. 补充安全措施

24. 高压电力电缆需停电的工作，应填用（　　）工作票。

A. 第一种　　　　　　B. 第二种　　　　　　C. 带电作业

25. 工作监护制度规定，（　　）工作负责人可以参加工作班工作。

A. 全部停电　　　　　　　　　　　B. 邻近设备已停电

C. 部分停电　　　　　　　　　　　D. 一经操作即可停电

26. 一个（　　）不能同时执行多张工作票。

A. 工作负责人　　　　B. 施工班组　　　　C. 施工单位

27. 在室外构架上工作，在邻近其他可能误登的带电架构上，应悬挂（　　）的标示牌。

A. "止步，高压危险！""禁止攀登，高压危险！"

B. "禁止攀登，高压危险！"

C. "从此上下！"

28. 在电气设备上工作保证安全的技术措施之一是，当验明设备确已无电压后，应立即将检修设备接地并（　　）。

A. 悬挂标示牌　　　　B. 许可工作　　　　C. 三相短路

29. 装、拆（　　），应做好记录，交接班时应交代清楚。

A. 接地线　　　　　　B. 接地刀闸　　　　C. 断路器

30. 降压变电站全部停电时，应将各个可能来电侧的部分接地短路，其余部分不必每段都装设接地线或（　　）。

A. 合上隔离开关　　　　　　　　　B. 合上断路器

C. 合上接地刀闸（装置）

31. 雨雪天气时不得进行室外（　　）。

A. 验电　　　　　　　B. 直接验电　　　　C. 间接验电

32. 装设接地线应（　　）。

A. 顺序随意　　　　　　　　　　　B. 先接导体端，后接接地端

C. 先接接地端，后接导体端

33. 在一经（　　）即可送电到工作地点的断路器（开关）和隔离开关（刀闸）的操作把手上，均应悬挂"禁止合闸，有人工作！"的标示牌。

A. 跳闸　　　　　　　B. 分闸　　　　　　C. 合闸

34. 检修部分若分为几个在（　　）上不相连接的部分，则各段应分别验电接地短路。

A. 线路　　　　　　B. 带电设备　　　　C. 停电设备　　　　D. 电气

35. 如果线路上有人工作，应在（　　）悬挂"禁止合闸，线路有人工作！"的标示牌。

A. 线路隔离开关操作把手上

B. 线路断路器和隔离开关操作把手上

C. 线路断路器上

36. 电压等级 110kV 时，工作人员在进行工作中正常活动范围与设备带电部分的安全距离为（　　）。

A. 1. 5m　　　　　　　B. 1. 6m　　　　　　　C. 1. 4m　　　　　　　D. 1. 8m

37. 值班调度员或线路工作许可人必须将线路停电检修的工作班组数目、工作负责人姓名、工作地点和工作任务记入（　　）。

A. 工作票　　　　　　B. 笔记本　　　　　　C. 记录簿

38. 高架绝缘斗臂车操作人员应服从工作负责人的指挥，作业时应注意（　　）及操作速度。

A. 过往车辆　　　　　B. 周围环境　　　　　C. 天气　　　　　　D. 行人

39. 进行直接接触 20kV 及以下电压等级的带电作业时，应穿合格的绝缘防护用具；使用的（　　）、安全帽应有良好的绝缘性能，必要时戴护目镜。

A. 安全带　　　　　　B. 工具　　　　　　　C. 腰带

40. 检修机组中性点与其他发电机的中性点连在一起的，则在工作前应将检修发电机的（　　）分开。

A. 励磁回路　　　　　B. 中性点　　　　　　C. 三相出口处

41. 主控制室与（　　）室间要采取气密性隔离措施。

A. 开关　　　　　　　B. 六氟化硫配电装置　　　　　　C. 继保

42. 六氟化硫设备解体检修，打开设备封盖后，现场（　　）人员应暂离现场 30min。

A. 所有　　　　　　　B. 非检修　　　　　　C. 运行

43. 在停电的低压装置上工作时，应采用有效措施遮蔽（　　）部分，若无法采取遮蔽措施时，则将影响作业的有电设备停电。

A. 导体端　　　　　　B. 有电　　　　　　　C. 金属

44. 低压回路停电的安全措施：将检修设备的（　　）断开取下熔断器，在开关或刀闸操作把手上挂"禁止合闸，有人工作！"的标示牌。

A. 各方面电源　　　　B. 上级电源　　　　　C. 主电源

45. 在光纤回路工作时，应采取相应防护措施防止激光对（　　）造成伤害。

A. 皮肤　　　　　　　B. 人眼　　　　　　　C. 手

46. 在继电保护装置、安全自动装置及自动化监控系统屏间的通道上搬运试验设备时，要与（　　）保持一定距离。

A. 检修设备　　　　　B. 运行设备　　　　　C. 通道

47. 电缆施工完成后应将穿越过的孔洞进行封堵，以达到（　　）、防火和防小动物的要求。

A. 防水　　　　　　　B. 防高温　　　　　　C. 防潮　　　　　　　D. 防风

48. 二级动火工作票至少一式 3 份，一份由工作负责人收执、一份由动火执行人收执、一份保存在（　　）。

A. 消防管理部门　　　B. 检修班组　　　　　C. 动火部门　　　　　D. 安监部门

49. 高处坠落受伤者外观无出血但面色苍白，脉搏细弱，气促，冷汗淋漓，四肢厥冷，烦躁不安，甚至神志不清等休克状态，应迅速躺平，抬高下肢，保持温暖，速送医院救治。若送院途中时间较长，可给伤员饮用（　　）。

A. 生理盐水 B. 少量糖盐水 C. 凉开水

50. 触电急救，当采用胸外心脏按压法进行急救时，伤员应仰卧于（ ）上面。

A. 弹簧床 B. 硬板床或地 C. 软担架

二、多选题（10分）

1. 外单位承担或外来人员参与公司系统电气工作的工作人员，工作前，设备运行管理单位应告知（ ）。

A. 作业时间 B. 危险点

C. 现场电气设备接线情况 D. 安全注意事项

2. 不停电工作是指：（ ）。

A. 高压设备部分停电，但工作地点完成可靠安全措施，人员不会触及带电设备的工作

B. 可在带电设备外壳上或导电部分上进行的工作

C. 高压设备停电

D. 工作本身不需要停电并且不可能触及导电部分的工作

3. 操作票应用黑色或蓝色的（ ）逐项填写。

A. 钢笔 B. 圆珠笔 C. 水笔 D. 铅笔

4. 保证安全的组织措施规定，工作中工作负责人、工作许可人任何一方若有特殊情况需要变更安全措施时，应（ ）。

A. 先取得对方同意 B. 先取得调度同意

C. 先取得工作票签发人同意 D. 变更情况及时记录在值班日志内

5. 保证安全的技术措施规定，当验明设备确无电压后，接地前（ ）。

A. 电缆及电容器接地线应逐相充分放电

B. 装在绝缘支架上的电容器外壳也应放电

C. 星形接线电容器的中性点应放电

D. 串联电容器及与整组电容器脱离的电容器应逐个多次放电

6. 进入六氟化硫配电装置低位区或电缆沟进行工作应先检测（ ）。

A. 六氟化硫气体含量是否合格 B. 含氧量不低于18%

C. 含氧量不低于15%

7. 倒闸操作的接发令要求（ ）。

A. 发令人和受令人应先互报单位和姓名

B. 使用规范的调度术语和设备双重名称

C. 发布指令应准确、清晰

D. 发布指令的全过程和听取指令的报告时双方都要录音并做好记录

8. 工作票签发人应满足（ ）的基本条件。

A. 熟悉人员技术水平 B. 熟悉设备情况

C. 具有相关工作经验 D. 熟悉"安规"

9. 带电作业工作票签发人和工作负责人、专责监护人应由具有（ ）的人员担任。

A. 带电作业资格 B. 高级师

C. 带电实践经验　　　　　　　　　　D. 技师

10. 带电作业应在良好天气下进行。如遇（　　）等，不准进行带电作业。风力大于5级，或湿度大于80%时，一般不宜进行带电作业。

A. 雷电　　　　　　B. 雹　　　　　　C. 雪　　　　　　D. 雨

E. 雾

三、判断题（10分）

1. 各单位可根据现场情况制定安规补充条款和实施细则，经本单位分管生产的领导（总工程师）批准后执行。　　　　　　　　　　　　　　　　　　　　　　　　（　　）

2. 作业现场的生产条件和安全设施等应符合有关法律的要求，工作人员的劳动防护用品应合格、齐备。　　　　　　　　　　　　　　　　　　　　　　　　　　　　（　　）

3. 运用中的电气设备，是指全部带有电压或一经操作即带有电压的电气设备。
（　　）

4. 为加强电力生产现场管理，规范各类工作人员的行为，保证人身、电网和设施安全，依据国家有关法律、法规，结合电力生产的实际，制定电力安全工作规程。　（　　）

5. 外单位承担或外来人员参与公司系统电气工作的工作人员工作前，设备运行单位应告知现场危险点和安全注意事项。　　　　　　　　　　　　　　　　　　　　（　　）

6. 在发生人身触电事故时，应立即报告上级领导，并断开有关设备的电源。（　　）

7. 直流系统升降功率前应确认功率设定值不小于当前系统允许的最小功率，且不能超过当前系统允许的最大功率限制。　　　　　　　　　　　　　　　　　　　　（　　）

8. 未装防误操作闭锁装置或闭锁装置失灵的刀闸手柄、阀厅大门和网门，应加挂机械锁。　　　　　　　　　　　　　　　　　　　　　　　　　　　　　　　　　　（　　）

9. 操作人和监护人应根据模拟图或接线图核对所填写的操作项目，并分别手工或电子签名，然后经运行值班负责人（检修人员操作时由工作负责人）审核签名。（　　）

10. 事故应急处理可以不用操作票。　　　　　　　　　　　　　　　　　　（　　）

11. 工作许可人应是经工区（所、公司）生产领导书面批准的有一定工作经验的运行人员或检修操作人员（进行该工作任务操作及做安全措施的人员）。　　　　（　　）

12. 带电作业或与邻近带电设备距离小于设备不停电的安全距离规定的工作，应填用带电作业工作票。　　　　　　　　　　　　　　　　　　　　　　　　　　　　（　　）

13. 分工作票可由总工作票签发人指定的工作票签发人签发。　　　　　　（　　）

14. 线路的停、送电只能按照线路工作许可人的指令执行。禁止约时停、送电。
（　　）

15. 330kV圆弧形保护间隙整定值为1.0～1.1m。　　　　　　　　　　　（　　）

16. 组合绝缘的水冲洗工具工频泄漏电流试验时间10min。　　　　　　　（　　）

17. 在高压设备继电保护、安全自动装置和仪表、自动化监控系统等及其二次回路上工作，工作本身不需要停电，但与导电部分小于表1-1中规定的安全距离需做安全措施者，应填用变电站（发电厂）第二种工作票。　　　　　　　　　　　　　　　（　　）

18. 在带电的电压互感器二次回路上工作时，除严格防止短路外，还要严格防止接地。　　　　　　　　　　　　　　　　　　　　　　　　　　　　　　　　　　　（　　）

19. 在 5 级及以上的大风以及暴雨、雷电、冰雹、大雾、沙尘暴等恶劣天气下，应停止露天高处作业。特殊情况下，确需在恶劣天气进行抢修时，应组织人员充分讨论必要的安全措施，经本单位分管生产的领导（总工程师）批准后方可进行。　　　　（　　）

20. 判断伤员无意识，应立即用手指甲掐压人中穴、合谷穴约 5s。　　　　　（　　）

四、填空题（15 分）

1. 因故间断电气工作连续_____个月以上者，应重新学习电力安全工作规程，并经考试合格后，方能恢复工作。

2. 第一、第二种工作票和_____工作票的有效时间，以批准的检修期为限。

3. 进行直接接触 20kV 及以下电压等级的带电作业时，应穿合格的_____；使用的安全带、安全帽应有良好的绝缘性能，必要时戴护目镜。

4. 在电流互感器与短路端子之间导线上进行任何工作，应有严格的安全措施，并填用"二次工作安全措施票"。必要时申请_____有关保护装置、安全自动装置或自动化监控系统。

5. 雷雨天气，需要巡视室外高压设备时，应穿_____，并不准靠近避雷器和避雷针。

6. 用计算机开出的操作票应与手写票面统一；操作票票面应清楚、整洁，不得_____。

7. 倒闸操作可以通过就地操作、遥控操作、_____完成。

8. 在高压设备上工作，应至少由两人进行，并完成保证安全的组织措施和_____。

9. 专责监护人的安全责任之一：工作前对被监护人员交代_____，告知危险点和安全注意事项。

10. 工作许可人的安全责任之一：工作现场布置的_____是否完善，必要时予以补充。

11. 持线路或电缆工作票进入变电站或发电厂升压站进行架空线路、电缆等工作，应_____工作票份数，由变电站或发电厂工作许可人许可，并留存。

12. 工作票签发人的安全责任：①工作必要性和安全性；②工作票上所填安全措施是否正确完备；③所派工作负责人和工作班人员是否_____。

13. 电气连接部分是指：电气装置中，可以用_____同其他电气装置分开的部分。

14. 总、分工作票应由_____签发。

15. 一般安全措施要求，各生产场所应有逃生路线的_____。

五、改错题（10 分）

1. 各类作业人员应接受相应的安全生产教育和岗位技能培训，经领导批准后方能上岗。

2. 拉合隔离开关的单一操作可以不用操作票。

3. 分工作票的许可和终结，由分工作票负责人与工作许可人办理。

4. 在电气设备上工作，保证安全的组织措施包括工作票制度、工作许可制度、工作监护制度和工作终结制度。

5. 电动工具如带电部件与外壳之间的绝缘电阻值达不到 2.5MΩ，应进行维修处理。

六、名词解释（10 分）

1. 高压电气设备

2. 部分停电的工作

3. 动火工作负责人

4. 全部停电的工作

5. 事故应急抢修工作

七、简答题（10 分）

1. 工作票签发人应具备哪些基本条件？

2. 线路停电检修时，值班调度员或线路工作许可人必须要做哪些工作？

八、问答题（10 分）

1. 各类作业人员应接受哪些相应的安全生产教育和考试？

2. 倒闸操作对解锁管理有哪些规定？

技能训练一答案

一、单选题

1～5 BBBBA　6～10 CCACA　11～15 BBCCB　16～20 BBBAA

21～25 DBBAA　26～30 ABCAB　31～35 BCCDB　36～40 ACBAB

41～45 BABAB　46～50 BACBB

二、多选题

1. BCD　2. BD　3. ABC　4. AD　5. ABD　6. AB　7. ABCD　8. ABCD　9. AC

10. ABCDE

三、判断题

1. 正确　2. 错误　3. 错误　4. 错误　5. 错误　6. 错误　7. 正确　8. 正确

9. 正确　10. 正确　11. 正确　12. 正确　13. 错误　14. 错误　15. 正确

16. 错误　17. 错误　18. 正确　19. 错误　20. 正确

四、填空题

1. 三　2. 带电作业　3. 绝缘防护用具　4. 停用　5. 绝缘靴　6. 任意涂改　7. 程度操作　8. 技术措施　9. 安全措施　10. 安全措施　11. 增填　12. 适当和充足　13. 隔离开关　14. 同一个工作票签发人　15. 标示

五、改错题

1. 各类作业人员应接受相应的安全生产教育和岗位技能培训，经考试合格上岗。

2. 拉合断路器（开关）的单一操作可以不用操作票。

3. 分工作票的许可和终结，由分工作票负责人与总工作票负责人办理。

4. 在电气设备上工作，保证安全的组织措施包括：工作票制度、工作许可制度、工作监护制度、工作间断、转移和终结制度。

5. 电动工具如带电部件与外壳之间的绝缘电阻值达不到 2MΩ，应进行维修处理。

六、名词解释

1. 电压等级在 1000V 及以上的电气设备。

2. 部分停电的工作，系指高压设备部分停电，或室内虽全部停电，而通至邻接高压室的门并未全部闭锁。

3. 是具备检修工作负责人资格并经本单位考试合格的人员。

4. 全部停电的工作，系指室内高压设备全部停电（包括架空线路与电缆引入线在内），并且通至邻接高压室的门全部闭锁，以及室外高压设备全部停电（包括架空线路与电缆引入线在内）。

5. 事故应急抢修工作是指：电气设备发生故障被迫紧急停止运行，需短时间内恢复的抢修和排除故障的工作。

七、简答题

1. 工作票签发人应是熟悉人员技术水平、设备情况、电力安全工作规程，并具有相关工作经验的生产领导人、技术人员或经本单位分管生产领导批准的人员。工作票签发人员名单应书面公布。

2. ①值班调度员或线路工作许可人必须将线路停电检修的工作班组数目、工作负责人姓名、工作地点和工作任务记入记录簿；②工作结束时，应得到工作负责人（包括用户）的工作结束报告，确认所有工作班组均已竣工，接地线已拆除，工作人员已全部撤离线路，并与记录簿核对无误后，方可下令拆除变电站或发电厂内的安全措施，向线路送电。

八、问答题

1.①作业人员对电力安全工作规程应每年考试一次；②因故间断电气工作连续三个月以上者，应重新学习电力安全工作规程，并经考试合格后，方能恢复工作；③新参加电气工作的人员、实习人员和临时参加劳动的人员，应经过安全知识教育后，方可下现场参加指定的工作；④外单位承担或外来人员参与公司系统电气工作的工作人员应熟悉电力安全工作规程、并经考试合格，方可参加工作。

2.不准随意解除闭锁装置。解锁工具（钥匙）应封存保管，所有操作人员和检修人员禁止擅自使用解锁工具（钥匙）。若遇特殊情况需解锁操作，应经运行管理部门防误装置专责人到现场核实无误并签字后，由运行人员报告当值调度员，方能使用解锁工具（钥匙）。单人操作、检修人员在倒闸操作过程中禁止解锁。如需解锁，应待增派运行人员到现场，履行上述手续后处理。解锁工具（钥匙）使用后应及时封存。

技能训练二 心肺复苏法训练

任务目标：

· 让学生了解安全用电知识。

· 掌握触电急救的常识以及心肺复苏术的操作步骤。

设备及工具：

心肺复苏模拟人 酒精 纱布 棉签等

本技能训练任务主要是完成单人心肺复苏。

一、步骤

（1）意识判断：拍肩→呼叫→掐人中→掐合谷。

注意：不可双手抓住肩膀用力摇晃。

（2）连续动作：转体→松衣松裤→打电话（120）。

注意：急救场所不能在阳光暴晒的地方以及柔软的草地，触电者不能垫放枕头，以免脑部血液回流。

（3）打开气道。

（4）判断呼吸：看、听、试。

注意：看心前区是否有起伏运动、听嘴巴是否有呼吸气流、试鼻孔是否有呼吸气流，三步同时进行时间在 10s 以内。

（5）救生呼吸（吹气两次）。

注意：吹气量 800～1200mL，吹气时用大拇指和食指捏住鼻孔，吹完气后松开鼻孔，但手松开不能拿开，两口气隔 1.5s。

（6）判断颈动脉。

注意：用食指和中指在喉结处向下划到气道与肌肉的内沟。

（7）心肺复苏循环（口对口人工呼吸、胸外按压）。

注意：吹气同救生呼吸一样，胸外按压深度为 3～5cm，按压频率为 100 次/min，急救比例为 30：2。

（8）再判断。

测试颈动脉、观瞳孔。

二、评分标准

项目内容	要　　求	配分	得分
意识判断	(1) 拍肩，未拍肩扣2分。 (2) 呼叫，未呼叫扣2分。 (3) 掐人中，未掐人中扣2分。 (4) 掐合谷，未掐合谷扣1分	6	
连续动作	(1) 转体。 (2) 松衣松裤。 (3) 打电话。 少一步各扣2分	6	
打开气道	未打开气道扣5分	5	
判断呼吸	看、听、试缺少一步扣2分	4	
救生呼吸	(1) 捏鼻。 (2) 吹气一次性完成。 (3) 松鼻。 未捏、松鼻以及吹气没一次性完成各扣2分	10	
判断颈动脉	未下滑、位置判断不准确各扣2分		
心肺复苏循环	口对口人工呼吸： (1) 捏鼻。 (2) 吹气一次性完成。 (3) 松鼻。 未捏、松鼻以及吹气没一次性完成各扣2分	15	
	胸外按压： (1) 未上滑扣2分。 (2) 位置定位不准确扣2分。 (3) 按压不到位一次扣2分	15	
是否救活	每一次未救活扣15分，每两次未救活扣30分	30	
再判断	(1) 未判断颈动脉扣2分。 (2) 未观瞳孔扣2分	4	
其他	未整理或设备损坏视情况扣1~5分	5	

模块二
电工技能基础知识

学习目标:

· 掌握电工常用的材料以及导线类型、型号。

· 掌握常用电工工具的使用。

· 掌握电工仪表的工作原理和使用方法。

· 掌握导线连接的方法和技能。

知识点一 常用电工材料知识

一、常用导电材料

各种金属材料都能导电，但它们的导电性能不同，最好的是银，其次是铜、铝、钨、锌、镍等，但不是所有金属都可以作为导电材料。作为导电材料的金属应具有导电性能好（即电阻系数小）、不易氧化和腐蚀、有一定的机械强度、容易加工和焊接、资源丰富、价格便宜等特点。因此，铜和铝是目前最常用的导电材料。如一号铜（T1）含铜量大于99.95%，主要用于各种电线电缆的导电线芯；二号铜（T2）含铜量大于99.90%，用于仪器仪表的一般导电零件；无磁性高纯铜（TWC）含铜量大于99.95%，用于高精度仪器仪表的线圈用线圈漆包线等；特一号铝（Al-00）含铝量大于99.7%，是特种要求用铝；一号铝（Al-1）含铝量大于99.5%，主要用于制造电线电缆等。

若按导电材料制成线材（电线或电缆）和使用特点等，导线又有裸线、绝缘电线、电磁线、通信电缆线等。

1. 裸线

裸线的特点是只有导线部分，没有绝缘层和保护层。按其形状和结构分，裸线有单线、绞合线、特殊导线等几种。单线主要作为各种电线电缆的线芯，绞合线主要用于电气设备的连接等。

2. 绝缘电线

绝缘电线的特点是不仅有导线部分，而且还有绝缘层。按其线芯使用要求分有硬型、软型、特软型和移动式等几种。绝缘电线使用范围很广，主要用于各种电力电缆、控制信号电缆、电气设备安装连线或照明敷设等。

3. 电磁线

电磁线是一种涂有绝缘漆或包缠纤维的导线。它主要用于电动机、变压器、电气设备及电工仪表等，作为绕组或线圈。

4. 通信电缆线

通信电缆包括电信系统的各种电缆、电话线和广播线。

5. 电热材料

电热材料用来制造各种电阻加热设备中的发热元件。要求电阻系数高、加工性能好，有足够的机械强度和良好的抗氧化性能，能长期处于高温状态下工作。常用的电热材料有镍铬合金 Gr20Ni80、Gr15Ni60 以及铁铬铝合金 1Cr13A14、0Cr13A16M02、0Cr25A15、0Cr27A17M02 等。

6. 电碳制品

电机用电刷主要有石墨电刷（S）、电化石墨电刷（D）、金属石墨电刷（J）。电刷选用时主要考虑接触电压降、摩擦系数、电流密度、圆周速度、施于电刷上的单位压力。其他电碳制品还有碳滑板和滑块、碳和石墨触头、各种电板碳棒、各种碳电阻片柱、通信用送话器碳砂等。

二、常用导磁材料

常用导磁材料包括软磁材料和硬磁材料两大类。

1. 软磁材料

软磁材料一般指电工用纯铁、硅钢板等，主要用于变压器、扼流圈、继电器和电动机中作为铁芯导磁体。电工用纯铁为 DT 系列。

2. 硬磁材料

硬磁材料的特点是在磁场作用下达到磁饱和状态后，即使去掉磁场还能较长时间地保持强而稳定的磁性。硬磁材料主要用来制造磁电式仪表的磁钢、永磁电动机的磁极铁芯等，可分为各向同性系列、热处理各向异性系列、定向结晶各向异性系列等三大系列。

三、常用绝缘材料

绝缘材料又称电介质，有外加电压作用时，只有微小的电流通过，基本上可以忽略，认为它不导电。绝缘材料的主要作用是隔离带电的或不同电位的导体，使电流能按指示方向流动。同时，绝缘材料往往还能支撑、保护导体。电工常用绝缘材料及应用见表 2-1。

表 2-1　　　　　　　　　　　　　　　电工常用绝缘材料及应用

类　别	常　用　材　料	应　用
无机绝缘材料	云母、石棉、大理石、瓷器、玻璃、硫黄等	主要用作电机和电器的绕组绝缘、开关的底板和绝缘子等
有机绝缘材料	虫胶、树脂、棉纱、纸、麻、蚕丝、人造丝、石油等	制造绝缘漆、绕组导线的被覆绝缘物
复合绝缘材料	无机、有机绝缘材料中一种或两种材料经加工制成的各种成型绝缘材料	用作电器底座、外壳等

绝缘材料在使用过程中，由于各种因素的长期作用，会发生化学变化和物理变化，使其电气性能和力学性能变差，即老化。使绝缘材料老化的因素很多，但主要是热的因素，使用时温度过高会加速绝缘老化过程。因此，对各种绝缘材料都规定它们在使用过程中的极限温度，以延缓它的老化过程，保证电工产品的使用寿命，如外层带绝缘层的导线就应远离热源。

常用电工绝缘材料有橡胶、塑料、绝缘纸、棉、麻制品等。

（1）橡胶。电工用橡胶是指经过加工的人工合成的橡胶，如制成导线的绝缘皮，电工穿的绝缘鞋、戴的绝缘手套等。测定橡胶的耐压能力是以电击穿强度（kV/mm）为依据。

（2）塑料。电工用塑料主要指聚氯乙烯塑料。如制作配电箱内固定电气元件的底板、电气开关的外壳、导线的绝缘外皮等。测定塑料绝缘物的耐压能力也是以电击穿强度（kV/mm）为依据。

（3）绝缘纸。电工使用的绝缘纸是经过特殊工艺加工制成的，也有用绝缘纸制成的绝缘纸板。绝缘纸主要用在电容器中作绝缘介质，绕制变压器时作层间绝缘等。

绝缘纸或绝缘纸板作绝缘材料，制成电工器材后，要浸渍绝缘漆，加强防潮性能和绝缘性能。

（4）棉、麻制品。棉布、丝绸浸渍绝缘漆后，可制成绝缘板或绝缘布。棉布带和亚麻布带是捆扎电动机、变压器线圈必不可少的材料，黑胶布就是白布带浸渍沥青胶制而成。

四、常用导线型号

常用绝缘导线按不同的绝缘材料和不同用途可分为塑料线、塑料护套线、塑料软线、橡皮线、棉线编织橡皮软线（花线）、橡套软线和铅包线以及各种电缆线等。其中以塑料线、塑料护套线、塑料软线和橡皮线最为常用。按通用电线可分为绝缘电线（B 系列）、绝缘软线（R 系列）、通用橡皮软线电缆（Y 系列）三大类。

绝缘导线的型号一般由 4 部分组成，如图 2－1 所示，绝缘导线型号含义见表 2－2。

表 2－2　　　　　　　　　　　　　绝缘导线型号的含义

导 线 类 型	导 体 材 料	绝 缘 材 料	标 称 截 面 积
B：布线用导线 R：软导线 Y：安装用导线	L：铝芯 （无）：铜芯	X：橡胶 V：聚氯乙烯塑料	单位：mm^2

例如，"RV－1.0"表示标称截面积为 $1.0mm^2$ 的铜芯聚氯乙烯塑料软导线。

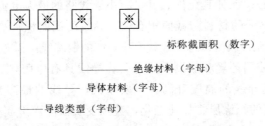

图 2－1　绝缘导线的型号表示法

绝缘导线的种类很多，常用的绝缘导线的种类及用途见表 2－3。

表 2－3　　　　　　　　　　　　常用绝缘导线的种类及用途

型 号	名 称	主 要 用 途
BX	铜芯橡皮线	固定敷设用
BV	铜芯聚氯乙烯铜芯塑料线	
BVR	铜芯聚氯乙烯铜芯塑料软线	
BVV	铜芯聚氯乙烯绝缘、护套线	
RVS	铜芯聚氯乙烯软线	灯头和移动电器设备引线
RVB	铜芯聚氯乙烯平行软线	
AV、AVR、AVV	塑料绝缘安装	电气设备安装
KVV、KXV	控制电缆	室内敷设
YQ、YZ、YC	通用电缆	连接移动电器

电气设备用电线型号中各字母和数字都有特定的含义。例如，BV－70，BV 表示固定

敷设（B）、铜芯（T省略），聚氯乙烯绝缘（V）电线，线芯最高的工作温度，塑料绝缘线70℃（橡皮绝缘线为60℃）。

五、导线结构

绝缘导线一般由导线芯和绝缘层两部分构成。

1. 导线芯

导线芯按使用要求分，有硬型、软型和特软型（用于移动式导线的芯线）。按导线的线芯数量分，有单芯、双芯、三芯和四芯等。

2. 绝缘层

绝缘层一般由包裹在导线芯外的一层橡皮、塑料等绝缘物构成，其主要作用在于防止漏电和放电。

六、导线的选用

导线的选用要从电路条件、环境条件和机械强度等多方面综合考虑。

1. 电路条件

（1）允许电流。允许电流也称安全电流或安全载流量，是指导线长期安全运行所能够承受的最大电流。

1）选择导线时，必须保证其允许载流量不小于线路的最大电流值。

2）允许载流量与导线的材料和截面积有关。导线的截面积越小，其允许载流量越小；导线的截面积越大，其允许载流量越大。截面积相同的铜芯线比铝芯线的允许载流量要大。

3）允许载流量与使用环境和敷设方式有关。导线具有电阻，在通过持续负荷电流时会使导线发热，从而使导线的温度升高。一般来说，导线的最高允许工作温度为65℃。若超过这个温度，导线的绝缘层将加速老化，甚至变质损坏而引起火灾。因敷设方式的不同，工作时导线的温升会有所不同。

（2）导线电阻的压降。导线很长时，要考虑导线电阻对电压的影响。

（3）额定电压与绝缘性。使用时，电路的最大电压应小于额定电压，以保证安全。额定电压是指绝缘导线长期安全运行所能够承受的最高工作电压。在低压电路中，常用绝缘导线的额定电压有250V、500V、1000V等。

2. 环境条件

（1）温度。温度会使导线的绝缘层变软或变硬，以至于变形而造成短路。因此，所选导线应能够适应环境温度的要求。

（2）耐老化性，一般情况下，线材不要与化学物质及日光直接接触。

3. 机械强度

机械强度是指导线承受重力、拉力和扭折的能力。

在选择导线时，应该充分考虑其机械强度，尤其是电力架空线路。只有足够的机械强度，才能满足使用环境对导线强度的要求。为此，要求居室内固定敷设的铜芯导线截面积不应小于$2.5mm^2$，移动电器用的软铜芯导线截面积不应小于$1mm^2$。

此外，导线选材还要考虑安全性，防止火灾和人身事故的发生。易燃材料不能作为导线的敷层。具体的使用条件可查阅有关手册。

七、几种常用绝缘导线安全载流量

常用线路的绝缘导线有塑料绝缘线、橡皮绝缘线、塑料护套线和软导线，塑料绝缘线的安全载流量见表2-4，橡皮绝缘线的安全载流量见表2-5，护套线和软导线截流量见表2-6。

表2-4　　　　　　　　　　　　　　塑料绝缘线的安全载流量

导线截面积/mm²	线芯股数/单股直径/mm	安全载流量/A						
		铜导线明线安装	穿钢管安装			穿硬塑料管安装		
			一管2根铜芯线	一管3根铜芯线	一管4根铜芯线	一管2根铜芯线	一管3根铜芯线	一管4根铜芯线
1.0	1/1.3	17	12	11	10	10	10	9
1.5	1/1.37	21	17	15	14	14	13	11
2.5	1/1.76	28	23	21	19	21	18	17
4	1/2.24	35	30	27	24	27	24	22
6	1/2.73	48	41	36	32	36	31	28
10	7/1.33	65	56	49	43	49	42	38
16	7/1.70	91	71	64	56	62	56	49
25	7/2.12	120	93	82	74	82	74	65
35	7/2.50	147	115	100	91	104	91	81
50	19/1.83	187	143	127	113	130	114	102

表2-5　　　　　　　　　　　　　　橡皮绝缘线的安全载流量

导线截面积/mm²	线芯股数/单股直径/mm	安全载流量/A						
		铜导线明线安装	穿钢管安装			穿硬塑料管安装		
			一管2根铜芯线	一管3根铜芯线	一管4根铜芯线	一管2根铜芯线	一管3根铜芯线	一管4根铜芯线
1.0	1/1.13	18	13	12	10	11	10	10
1.5	1/1.37	23	17	16	15	15	14	12
2.5	1/1.76	30	24	22	20	22	19	17
4	1/2.24	39	32	29	26	29	26	23
6	1/2.73	50	43	37	34	37	33	30
10	7/1.33	74	59	52	46	51	45	40
16	7/1.70	95	75	67	60	66	59	52
25	7/2.12	126	98	87	78	87	78	69
35	7/2.50	156	121	106	95	109	96	85
50	19/1.83	200	151	134	119	139	121	107

表 2－6　　　　　　　　　　　护套线和软导线安全载流量

导线截面积 /mm²	安全载流量/A						
	护套线				软导线		
	2 根线芯		3 根或 4 根线芯		1 根线芯	2 根线芯	
	塑料绝缘铜芯线	橡皮绝缘铜芯线	塑料绝缘铜芯线	橡皮绝缘铜芯线	塑料绝缘铜芯线	塑料绝缘铜芯线	橡皮绝缘铜芯线
0.5	7	7	4	4	8	7	7
0.75					13	10.5	9.5
0.8	11	10	9	9	14	11	10
1.0	13	11	9.6	10	17	13	11
1.5	17	14	10	10	21	17	14
2.0	19	17	13	12	25	18	17
2.5	23	18	17	16	29	21	18
4.0	30	28	23	21			
6.0	37		28				

知识点二 常用电工工具使用

一、验电器

验电器是检验导线和电气设备是否带电的一种电工常用工具，分为低压和高压两种，用来检验被测物体是否带电。

1. 低压验电笔

低压验电笔是用来检测低压导体和电气设备外壳是否带电的常用工具，检测电压的范围通常为 60～500V。低压验电笔的外形通常有钢笔式和螺丝刀式两种，如图 2-2 所示。按其显示元件不同分为氖管发光指示式和数字显示式两种，如图 2-2 所示。

（a）钢笔式测电笔　　　　（b）螺丝刀式测电笔　　　　（c）数字显示式测电笔

图 2-2 低压验电笔

使用低压验电笔时，必须按图 2-3 所示的方法握笔，以手指触及笔尾的金属体，使氖管小窗背光朝自己。当用电笔测带电体时，电流经带电体、电笔、人体、大地形成回路，只要带电体与大地之间的电位差超过 60V，电笔中的氖泡就发光。电压高发光强，电压低发光弱。使用低压验电笔应注意以下事项：

（1）低压验电笔使用前，应先在确定有电处测试，证明验电笔确实良好后方可使用。

（2）验电时，一般用右手握住验电笔，此时人体的任何部位切勿触及周围的金属带电物体。

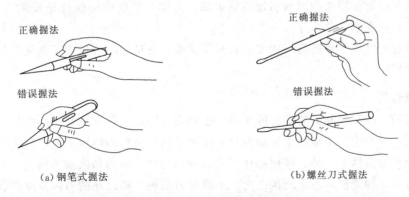

（a）钢笔式握法　　　　　　　　　　（b）螺丝刀式握法

图 2-3 低压验电笔的使用方法

（3）验电笔顶端金属部分不能同时搭在两根导线上，以免造成相间短路。

（4）普通低压验电笔的电压测量范围在 60～500V 之间，切勿用普通验电笔测试超过 500V 的电压。

（5）如果验电笔需在明亮的光线下或阳光下测试带电体时，应当避免检测，以防光线强不易观察到氖泡是否发亮，造成误判。

（6）验电笔在使用完毕后要保持清洁，放置干燥处，严防摔碰。

2. 高压验电笔

高压验电笔又称高压测电器、高压测电棒，是用来检查高压电气设备、架空线路和电力电缆等是否带电的工具。10kV 高压验电笔由金属钩、氖管、氖管窗、固定螺钉、护环和握柄等部分组成，如图 2-4 所示。

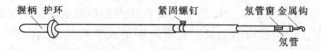

握柄　护环　　　　　　　　　紧固螺钉　　　氖管窗 金属钩

氖管

图 2-4　10kV 高压验电笔

高压验电笔在使用前，应特别注意手握部位不得超过护环，如图 2-5 所示。

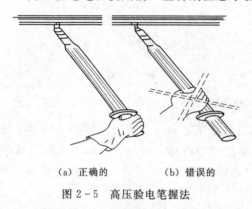

（a）正确的　　　（b）错误的

图 2-5　高压验电笔握法

使用高压验电笔验电应注意以下事项：

（1）使用之前，应先在确定有电处测试，只有证明验电笔确实良好才可使用，并注意验电笔的额定电压与被检验电气设备的电压等级要相适应。

（2）使用时，应使验电笔逐渐靠近被测带电体，直至氖管发光，只有在氖管不亮时，它才可与被测物体直接接触。

（3）室外使用高压验电笔时，必须在气候条件良好的情况下才能使用；在雨、雪、雾天和湿度较高时禁止使用。

（4）测试时，必须戴上符合耐压要求的绝缘手套，不可一个人单独测试，身旁应有人监护。测试时要防止发生相间或对地短路事故。人体与带电体应保持足够距离，10kV 高压的安全距离应在 0.7m 以上。

（5）对验电笔每半年进行一次发光和耐压试验，凡试验不合格者不能继续使用，试验合格者应贴标记。

二、螺丝刀

螺丝刀是一种坚固和拆卸螺钉的工具，也称为改锥，习惯称为起子。螺丝刀按照头部的形状不同，可分为一字形和十字形两种；按照手柄的材料和结构不同，可分为木柄、塑料柄、夹柄和金属柄等 4 种；按照操作形式可分为自动、电动和风动等形式。

螺丝刀有多种规格，通常所说的大、小螺丝刀是用手柄以外的刀体长度来表示的，常用的有 100mm、150mm、200mm、300mm 和 400mm 几种，可根据螺钉的大小选择不同规格的螺丝刀。若用型号较小的螺丝刀来旋拧大号的螺钉，很容易把螺丝刀拧坏。螺钉有很多种规格（不同长度和粗度）。

（1）一字形螺丝刀俗称平口螺丝刀，主要用来旋转一字槽形的螺钉、木螺钉和自攻螺钉等，如图2-6所示。

（2）十字形螺丝刀俗称梅花螺丝刀，主要用来旋转十字槽形的螺钉、木螺钉和自攻螺钉等。使用十字形螺丝刀时，应注意使旋杆端部与螺钉槽相吻合；否则容易损坏螺钉的十字槽。十字螺丝刀的规格和一字螺丝刀相同，如图2-7所示。

（3）多用途组合螺丝刀是一种多用途的组合工具，手柄和头部是可以随意拆卸的。组合螺丝刀一般采用塑料手柄，如图2-8所示。

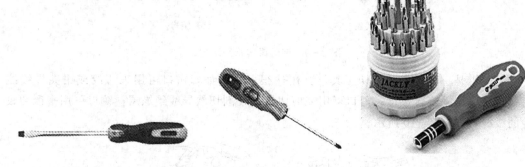

图2-6 一字形螺丝刀 　　　图2-7 十字形螺丝刀 　　　图2-8 多用途组合螺丝刀

1. 螺丝刀的使用

（1）大螺丝刀一般用来坚固较大的螺钉。使用时，除大拇指、食指和中指要夹住握柄外，手掌还顶住柄的末端，这样就可防止螺丝刀转动时滑脱。

（2）小螺丝刀一般用来坚固电气装置上的小螺钉，使用时可用手指顶住木柄的末端捻旋。

（3）使用较长螺丝刀时，可用右手压紧并转动手柄，左手握住螺丝刀中间部分，以使螺丝刀不滑落。此时左手不得放在螺钉的周围，以免螺丝刀滑出时将手划伤。

（4）使用时，手要用力顶住，使刀口紧压在螺钉上，以顺时针方向旋转为拧紧螺钉，逆时针为卸下螺钉。

2. 螺丝刀使用时的注意事项

（1）电工必须使用带绝缘手柄的螺丝刀。

（2）使用螺丝刀紧固或拆卸带电的螺钉时，手不得触及螺丝刀的金属杆，以免发生触电事故。

（3）为了防止螺丝刀的金属杆触及皮肤或触及邻近带电体，应在金属杆上套装绝缘管。

（4）使用时应注意选择与螺钉顶槽相同且大小规格相应的螺丝刀。

（5）切勿将螺丝刀当作錾子使用，以免损坏螺丝刀手柄或刀刃。

三、钢丝钳

钢丝钳又称电工钳、克丝钳，主要用于夹持或弯折薄片形、圆柱形金属零件及切断金属丝，其旁铡口也可以用于切断细金属丝。钢丝钳由钳头和钳柄两部分组成，钳头由钳口、齿口、刀口和铡口四部分组成，如图2-9所示。钢丝钳有裸柄和绝缘柄两种，电工应选用带绝缘的，且耐压应为500V以上。在钢丝钳的手柄上套一层橡胶或塑料，它有两个作用：一是绝缘作用，以方便电工要带电操作，或作为不确定是否带电的一种保护措施；二是增加摩擦力，也可以缓冲手与金属钳把手的直接摩擦，以保护双手。

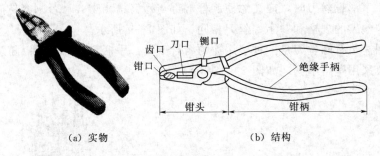

（a）实物　　　　　　　（b）结构

图2-9　钢丝钳实物和结构

钢丝钳是一种钳夹和剪切工具，其用途很多。例如，钳口可用来弯绞或钳夹导线线头；齿口可用来旋转螺母；刀口可用来剪切导线或剖切软导线绝缘层；铡口可用来铡切较硬的线材，如图2-10所示。

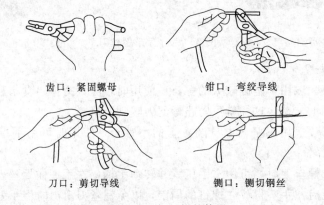

齿口：紧固螺母　　　　　　钳口：弯绞导线

刀口：剪切导线　　　　　　铡口：铡切钢丝

图2-10　钢丝钳的使用

使用钢丝钳时要注意以下事项：

（1）使用前，必须检查绝缘柄的绝缘是否良好，以免在带电作业时发生触电事故。

（2）剪切带电导线时，不得用刀口同时剪切相线和零线，或同时剪切两根相线，以免发生短路事故。

（3）钳头不可代替锤子作为敲打工具使用。

（4）用钢丝钳剪切绷紧的导线时，要做好防止断线弹伤人或设备的安全措施。

（5）要保持钢丝钳清洁，带电操作时，手与钢丝钳的金属部分要保持2cm以上的距离。

（6）带电作业时钳子只适用低压线路。

四、尖嘴钳

尖嘴钳主要用来剪切线径较细和单股与多股线，以及给单股导线接头弯圈、剥削塑料绝缘层等，能在较狭小的工作空间操作，不带刃口者只能夹捏工作，带刃口者能剪切细小部件。尖嘴钳有裸柄和绝缘柄两种，绝缘柄的钳柄上套有耐压 500V 的绝缘套管，可用于带电作业。尖嘴钳外形如图 2-11 所示。

图 2-11　尖嘴钳

　　尖嘴钳能夹持较小螺钉、垫圈、导线等元件，带有刀口的尖嘴钳能剪断细小金属丝。在装接控制线路时，尖嘴钳能将单股导线弯成需要的各种形状。使用时要注意以下事项：

（1）不允许用尖嘴钳装卸螺母，夹持较粗的硬金属导线及其他硬物。

（2）塑料手柄破损后严禁带电操作。

（3）尖嘴钳头部是经过淬火处理的，不要在锡锅或高温条件下使用。

五、断线钳

　　断线钳又称斜口钳，钳柄有裸柄、管柄和绝缘柄 3 种。其中电工用的绝缘柄断线钳，绝缘柄的耐压为 500V。断线钳的外形如图 2-12 所示。断线钳是专供剪断较粗的金属丝、线材及导线电缆时使用的。

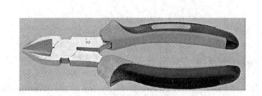

图 2-12　断线钳

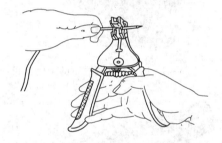

图 2-13　剥线钳外形

六、剥线钳

　　剥线钳是用来剥削小直径（$\phi 0.5\sim 3mm$）导线绝缘层的专用工具，它由钳头和钳柄两部分组成，其外形如图 2-13 所示。钳头部分由压线口和切口构成，分为 0.5～3mm 的多个直径切口，用于剥削不同规格的芯线。它的手柄是绝缘的，耐压为 500V。使用剥线钳时，将要剥削的绝缘层长度用标尺确定好后，用右手握住钳柄，左手将导线放入相应的刀口中（比导线直径稍大），右手将钳柄握紧，导线的绝缘层即被割破拉开，自动弹出。剥线钳不能用于带电作业。

　　1. 剥线钳的特点

（1）剥线的长度可根据需要自由调整。

（2）刃部由特殊机械精细加工，且经高温淬火处理。

（3）手柄符合人体力学设计原则，采用优质塑料，舒适耐用。

　　2. 剥线钳的使用

（1）根据导线截面积的大小，选择相应的剥线刀口，如图 2-14 所示。

（2）将准备好的导线放在剥线钳的刀刃中间，预留要剥线的长度，如图 2-15 所示。

（3）握住剥线钳的手柄，将导线夹住，缓缓用力使导线外表皮慢慢剥落，如图 2－16 所示。

（4）松开工具手柄，取出导线，这时导线金属芯线整齐地露出来，其余绝缘塑料完好无损，如图 2－17 所示。

图 2－14 根据导线规格选择剥刀口

图 2－15 预留剥线的长度

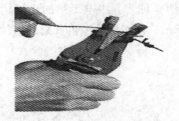

图 2－16 握住剥线钳的手柄剥线

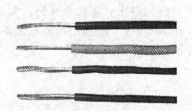

图 2－17 导线剥削后的效果

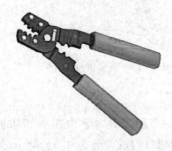

图 2－18 压线钳

七、压线钳

压线钳是一种用于压接端子和连接头的专用工具。压线钳在如今的社会中是必不可少的一种常用工具，如图 2－18 所示。

压线钳的使用方法如下。

（1）将导线进行剥线处理，裸线长度约 1.5mm，与压线片的压线部位大致相等。

（2）将压线片的开口方向向着压线槽放入，并使压线片尾部的金属带与压线钳平齐。

（3）将导线插入压线片，对齐后压紧。

（4）将压线片取出，观察压线的效果，掰去压线片尾部的金属带就可使用，如图 2－19 所示。

图 2－19 端子压接

八、电工刀

电工刀是电工常用的一种切削工具，适合于在装配及维修工作中剥削电线绝缘外皮、切削木桩、切断绳索等，有时也可用来剥削导线。

普通电工刀由刀片、刀刃、刀把、刀挂等构成。不用时，应把刀片收缩到刀把内。电工刀的尺寸有大、小两种型号，其外形如图 2-20 所示。

（a）实物　　　　　　　　（b）结构示意图

图 2-20　电工刀

电工刀的种类比较多，多功能电工刀除了有刀片外，还有锯片、通针、扩孔锥、螺丝刀、尺子、剪子等工具，使用非常方便，如图 2-21 所示。

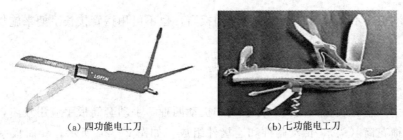

（a）四功能电工刀　　　　　　　（b）七功能电工刀

图 2-21　多功能电工刀

使用电工刀时，应将刀口朝外剖削。剖削导线时，应使刀面与导线成较小的锐角，以免割伤导线，并且用力不宜太猛，以免削破左手。电工刀用毕，应随即将刀身折进刀柄，不得传递未折进刀柄的电工刀。使用电工刀时应注意以下事项：

（1）电工刀的刀柄是无绝缘保护的，不能在带电导线或器材上剖削，以免触电。

（2）电工刀第一次使用前应开刃。

（3）电工刀不许代替锤子用以敲击。

（4）电工刀刀尖的剖削作业的必需部位，应避免在硬器上划伤或碰伤，刀口应经常保持锋利，磨刀宜用油石为好。

九、活动扳手

活动扳手也称为活络扳手，简称扳手，是用来紧固和松开螺母的一种专用工具。活动扳手由头部和柄部两大部分组成。头部由活动扳唇、呆扳唇、扳口、蜗轮和轴销等构成，如图 2-22 所示。活动扳手的规格以长度乘以最大开口宽度（单位为 mm）来表示，电工常用的活动扳手有 150mm×19mm（6in）和 200mm×24mm（8in）两种规格。

图 2-22　活动扳手

使用时，将扳手调节到比螺母稍大些，用右手握手柄，再用右手指旋动蜗轮使扳口紧压螺母。扳动大螺母时，因为力矩较大，手应握在手柄的尾处，如图 2-23（a）所示。扳动较小螺母时，需用力矩不大，但螺母过小易过滑，故手应握在靠近头部的地方，如图 2-23（b）所示，可随时调节蜗轮，收紧活络扳唇，防止打滑。

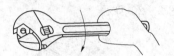

（a）扳较大螺母的握法　　　　　（b）扳较小螺母的握法

图 2-23　活动扳手的使用

使用活动扳手应注意以下事项：

（1）使用扳手时，严禁带电操作。

（2）使用活动扳手时应随时调节扳口，把工件的两侧面夹牢，以免螺母脱角打滑，不得用力过猛。

（3）活动扳手不可反用，以免损坏活动扳唇，也不可用钢管接长手柄来施加较大的扳拧力矩。

（4）活动扳手不得当作撬棍和锤子使用。

十、套筒扳手

套筒扳手（整套装在铁盒内）分手动和机动两种，手动套筒扳手应用较广，是由一套尺寸不等的梅花筒（头）、传动附件和连接件组成，如图 2-24 所示。套筒扳手除具有一般扳手紧固和拆卸六角头螺栓、螺母的功能外，特别适用于工作空间狭小或深凹的场合。使用时用弓形的手柄连续转动，工作效率较高。

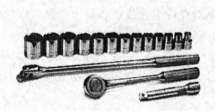

图 2-24　套筒扳手

十一、内六角扳手

内六角扳手也称为艾伦扳手，与其他常见工具（如一字螺丝刀和十字螺丝刀）之间最重要的差别是，它通过扭矩施加对螺钉的作用力，大大降低了使用者的用力强度。可以说在现代工业所涉及的安装工具中，内六角扳手虽然不是最常用的，但却是最好用的。内六角扳手用于拧紧或拧松标准规格的内六角螺栓。

常用的内六角扳手按尺寸有英制和公制两种，按外形来分有 L 形（平头、球头、花型）和 T 形两种（平头、球头、花形），如图 2-25 所示。

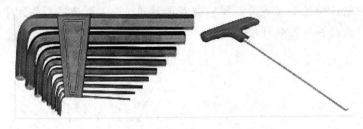

图 2-25 内六角扳手

1. 内六角扳手的使用方法

（1）选择合适的内六角扳手（平头、球头、花形）。

（2）将合适尺寸的内六角短头塞入螺栓内，使其和螺栓完全吻合压紧。

（3）一只手按住扳手的拐角处，另一只手握住扳手长头末端用力旋松螺栓。

（4）螺钉松动后，取出扳手将扳手长头塞入螺栓，一只手握住短头快速旋转直到松掉螺栓。

2. 内六角扳手的使用注意事项

（1）使用前要将内六角上的油污擦拭干净，防止使用时打滑。

（2）公、英制要正确选用，不能公制、英制混用，这样既会损坏螺栓，也会损伤内六角。

（3）要选择合适尺寸的内六角，不能用较小的内六角来旋动较大的螺钉，那样极易滑牙。

十二、弹簧弯管器

弹簧弯管器常用于硬质 PVC 塑料常温下的弯曲，如图 2-26 所示。弯管时，将相应的弯管弹簧插入管内需弯处。两手握住管弯曲处，逐渐弯曲成需要的角度，弯管时一般到比所需的角度小些，弯曲回弹后便于达到要求，然后抽出管内弹簧。当弹簧不易取出时，可逆时针转动弹簧，使之外径收缩，便于拉出。当弯曲较长的管子时，应用铁丝或细绳拴在弹簧一端的圆环上，以便弯曲管后拉出弹簧。

图 2-26 弹簧弯管器

十三、锤子

锤子俗称榔头，它由锤子和木柄组成，如图 2-27 所示，校直、錾削和装卸零件等操作都要用锤子来敲击。

钢制锤子的规格用锤头的质量表示，有 0.25kg、0.5kg 和 1kg 等几种。木柄选用比较坚固的木材制成，常用的 1kg 锤头的柄长为 350mm 左右。锤头安装木柄的孔呈椭圆形，且两端大，中间小。木柄紧装在孔中后，端部应再打入金属楔子，以防松脱。

使用时，一般为右手握锤，常用的方法有紧握锤和松握锤两种，如图 2-28 所示。紧握锤是指从挥锤到击锤的全过程中，全部手指一直紧握锤柄。如果在挥锤开始时，全部手指紧握锤柄，随着锤的上举，逐渐依次地将小指、无名指和中指放松，而在锤击的瞬间，迅速将放松了的手指又全部握紧，并加快手腕、肘以至臂的运动，则称为松握锤。松握锤可以加强锤击力量，而且不易疲劳。要根据各种不同加工的需要选择使用手锤，使用中要注意时常检查锤头是否有松脱现象。

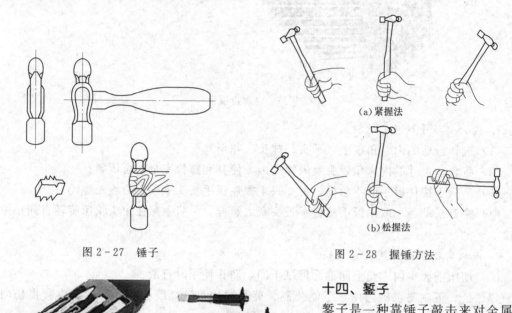

图 2-27 锤子　　　　　　　　　　　　图 2-28 握锤方法

十四、錾子

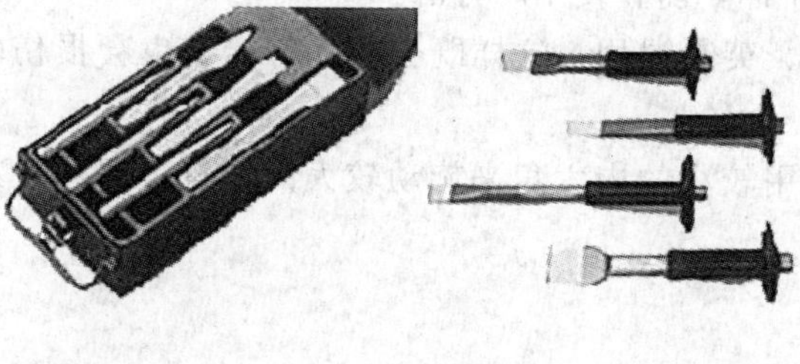

錾子是一种靠锤子敲击来对金属工作进行錾、凿、铲等切削作业，是一种原始的、古老的切削工具，如图 2-29 所示。常用于錾切薄金属板材或其他硬脆性的材料。錾子由碳素钢锻成，并经过热处理。常用的錾子有扁錾、尖錾、

图 2-29 錾子

油錾等。錾子的使用通常有正握法（图 2-30）和反握法（图 2-31）。

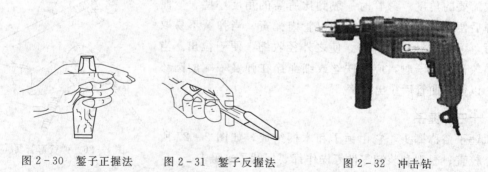

图 2-30 錾子正握法　　图 2-31 錾子反握法　　　图 2-32 冲击钻

十五、冲击钻

冲击钻是一种电动工具，如图 2-32 所示。它具有两种功能：一种可作为普通电钻使用，用时应把调节开关调到标记为"钻"的位置；另一种可用来冲打砌块和砖墙等建筑面的木榫孔和导线穿墙孔，这时应把调节开关调到标记为"锤"的位置。冲击钻通常可冲击直径为 6～16mm 的圆孔。有的冲击钻尚可调节转速，有双速和三速之分。在调速和调挡

时，均应停转。用冲击钻开錾墙孔时，需配专用冲击钻头，规格按所需孔径选配，常用的直径有 8mm、10mm、12mm 和 16mm 等多种。在冲錾墙孔时，应经常把钻头拔出，以利排屑；在钢筋建筑物上冲孔时，遇到坚硬物不应施加过大压力，以免钻头退火。

冲击钻的使用方法及注意事项如下：

（1）钻孔前，先用铅笔或粉笔在墙上标出孔的位置，用中心冲子冲击孔的圆心。然后选择笔直、锋利、无损、与孔径相同的冲击钻头。

（2）打开卡头，将钻头插到底，用卡头钥匙将卡头拧紧。

（3）选择适当的钻速。孔径大时用低速，孔径小时用高速。当钻坚硬的墙和石头时，要接通电钻的冲击附件。

（4）接通电源后应使冲击钻空钻 1min，以检查传动部分和冲击部分转动是否灵活。

（5）双手用力握电钻，将钻尖抵在中心冲子的凹坑内，使钻头与墙面成 90°角。

（6）启动电钻，朝着钻孔方向均匀用力，并使钻头始终保持着与墙面的垂直。在钻孔过程中要不时移出钻头以清除钻屑。

（7）作业时需戴护目镜。作业现场不得有易燃、易爆物品。

（8）严格禁止用电源线拖拉机具。机具把柄要保持清洁、干燥、无油脂，以便两手能握牢。

（9）遇到坚硬物体，不要施加过大压力，以免烧毁电动机。出现卡钻时，要立即关掉开关，严禁带电硬拉、硬压和用力扳扭，以免发生事故。作业时，应避开混凝土中的钢筋；否则应更换位置。

（10）作业时双脚要站稳，身体要平衡，不允许不戴手套作业。只允许单人操作。

（11）工作后要卸下钻头，清除灰尘、杂质，转运部分要加注润滑油。工作时间过长，会使电动机和钻头发热，这时要暂停作业，待其冷却再使用，禁止用水和油降温。

十六、电锤

电工使用的电锤也是一种旋转带冲击电钻的电动工具，它比冲击电钻冲击力大，主要用于安装电气设备时在建筑混凝土柱板上钻孔，电锤也可用于水电安装，敷设管道时穿墙钻孔，电锤的外形如图 2-33 所示。

使用电锤时应注意以下几点：

（1）使用前检查电锤电源线有无损伤，然后用 500V 摇表对电锤电源线进行摇测，测得电锤绝缘电阻超过 0.5MΩ 时方能通电运行。

（2）电锤使用前应先通电空转 1min，检查转动部分是否灵活、有无异常杂音、换向器火花是否正常，待检查电锤无故障时方能使用。

图 2-33　电锤

（3）工作时应先将钻头顶在工作面上，然后再启动开关。钻头应与工作面垂直并经常拔出钻头排屑，防止钻头扭断或崩头。钻孔时不宜用力过猛，转速异常降低时应减小压力。电锤因故突然停转或卡钻时，应立即关断电源，检查出原因后方能再启动电锤。

（4）用电锤在墙上钻孔时应先了解墙内有无电源线，以免钻破电线发生触电。在混凝土中钻孔时，应注意避开钢筋，如钻头正好打在钢筋上，应立即退出，然后重新选择位置，再进行钻孔。

（5）在钻孔时如对孔深有一定要求，可安装定位杆来控制钻孔深度。用于混凝土、岩石、瓷砖上打孔时，宜套上防尘罩。

（6）电锤在使用过程中，如果发现声音异常，应立即停止钻孔，如果因连续工作时间过长，电锤发烫，也要停止电锤工作，让其自然冷却，切勿用水淋浇。

（7）电锤使用一定时间后，会有灰尘、杂质进入冲击活塞，导致卡塞。这时需要将机械部分拆下，清洗各零部件，并加新的润滑油。

（8）使用电锤时要有漏电保护装置，只允许单人作业。

十七、电烙铁

电烙铁是用来焊接电工、电子线路及元器件的专用工具，分内热式和外热式两种，如

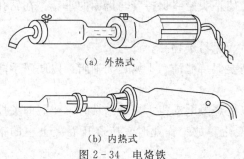

（a）外热式

（b）内热式

图 2-34　电烙铁

图 2-34 所示。电烙铁常用的是内热式，有多种规格。电烙铁的功率应选用适当，钎焊弱电元件用 20～40W 以内的；钎焊强电元件要选用 45W 以上的。若用大功率电烙铁钎焊弱电元件，不但浪费电力，还会烧坏元件；用小功率电烙铁强电元件，则会因热量不够而影响焊接质量。

使用电烙铁时要注意以下事项：

（1）在金属工作台、金属容器内或潮湿导电地面上使用电烙铁时，其金属外壳应妥善接地，以防触电。

（2）电烙铁不可长时间通电。长期通电产生高温会"烧死"烙铁头。

（3）电烙铁不能在易爆场所或腐蚀性气体中使用。

（4）使用烙铁时，不准甩动焊头，以免锡珠溅出灼伤人体。

（5）对于小型电子元件及印制电路板，焊接温度要适当，加温时间要短，一般焊接时间为 2～3s。

（6）对于截面 2.5mm^2 以上导线、电器元件的底盘焊片及金属制品，加热时间要充分，以免引起"虚焊"。

（7）各种焊剂都有不同程度的腐蚀作用，所以焊接完毕后必须清除残留的焊剂。

（8）焊接完后，要及时清理焊接中掉下来的锡渣。

十八、梯子

梯子有人字梯和直梯两种，如图 2-35 所示。直梯用于户外登高作业，人字梯一般用于户内登高作业。

电工在使用梯子时应注意以下几点：

（1）使用前应检查有无虫蛀和裂痕（指木梯、竹梯），两脚是否绑有防滑材料，人字梯中间是否连着防自动滑开的安全绳。

（2）人在直梯上作业时，前一只脚从后一只脚所站梯步高的梯空穿进去，越过应站梯

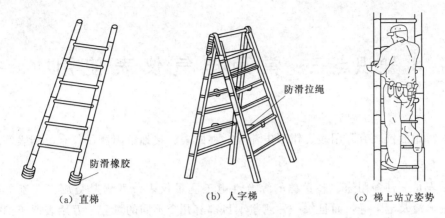

（a）直梯　　　　　　　（b）人字梯　　　　　　（c）梯上站立姿势

图 2-35　电工梯子

步后从下方穿出，踏在比后一只脚高一步的梯步上，使该脚以膝弯处为着力点。

（3）直梯靠墙的安全角应为对地面夹角 60°～75°。梯子安放位置与带电体应保持足够的安全距离。

（4）直梯顶部应与建筑物靠牢。靠在管子上的梯子，上端应使用绳子系牢。不能稳固放置的梯子，应有人扶持或用绳索将梯子下端与固定物体绑牢。

（5）人字梯放好后，要检查四只脚是否同时着地。作业时不可站在人字梯最上面两挡，不允许以骑马式在梯上作业，以免开滑摔伤。

知识点三　常用电气仪表使用

电工常用的仪表有万用表、钳形电流表、兆欧表、接地电阻测试仪和电能表等。

一、万用表

万用表是一种多用途、多量程的综合性电工测量仪表，可测量交流、直流电压，交流、直流电流及电阻等，而且每一种测量项目都有几个不同的量程。万用表便于携带，使用方便，在电气安装工程中获得广泛应用。

1. 指针式万用表

指针式万用表（以 105 型为例）的表盘如图 2-36 所示。通过转换开关的旋钮来改变测量项目和测量量程。机械调零旋钮用来保持指针在静止时处在零位。"Ω"调零旋钮用来测量电阻时使指针式对准右零位，以保证测量数值准确。

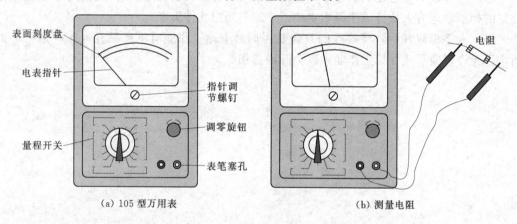

表面刻度盘
电表指针
指针调节螺钉
调零旋钮
量程开关
表笔塞孔
电阻

(a) 105 型万用表　　　　(b) 测量电阻

图 2-36　105 型万用表

指针式万用表的测量范围如下：

电阻分 5 挡，$R\times1$；$R\times10$；$R\times100$；$R\times1k$；$R\times10k$。

直流电压分 5 挡，0～6V；0～30V；0～150V；0～300V；0～600V。

直流电流分 3 挡，0～3mA；0～30mA；0～300mA。

交流电压分 5 挡，0～6V；0～30V；0～150V；0～300V；0～600V。

（1）测量电阻。先将表笔搭在一起短路，使指针向右偏转，随即调整"Ω"调零旋钮，使指针恰好指到 0。然后将两根表笔分别接触被测量电阻（或电路）两端，读出指针在欧姆刻度线（第一条线）上的读数，再乘以该挡标的数字，就是所测电阻的阻值。例如，用 $R\times100\Omega$ 挡测量电阻，指针指在 80，则所测得的电阻值为 $80\times100=8k\Omega$。由于"Ω"刻度线左部读数较密，难以看准，所以测量时应选择适当的欧姆挡，使指针在刻度线的中部或右部，这样读数比较清楚、准确。每次换挡都应重新将两根表笔进行短接，重新调整指针到零位才能测准。

（2）测量直流电压。首先估计一下被测电压的大小，然后将转换开关拨至适当的"V"量程，将红表笔（正极）接被测电压"＋"端，黑表笔（负极）接被测量"－"端。然后根据该挡量程数字与标直流符号"DC"刻度线（第二条线）上的指针所指数字，来读出被测电压的大小。如用300V挡测量，可以直接读0～300的指示数值。如用30V挡测量，只需将刻度线上300这个数字去掉一个"0"，看成30，再依次把200、100等数字看成是20、10即可直接读出指针指示数值。例如，用6V挡测量直流电压，指针指在15，则所测得电压为1.5V。

（3）测量直流电流。先估计一下被测量电流的大小，然后将转换开关拨至合适的"mA"量程，再把指针式万用表串接在电路中。同时观察标有直流符号"DC"的刻度线，如电流量程先在3mA挡，这时，应把表面刻度线上300的数字，去掉两个"0"，看成3，又依次把200、100看成是2、1，这样就可以读出被测量电流数值。例如，用直流3mA挡测量直流电流，指针在100，则电流为1mA。

（4）测量交流电压。测交流电压的方法与测量直流电压相似，所不同的是因交流电没有正、负之分，所以测量交流时，表笔也就不需分正、负。读数方法与上述的测量直流电压的读数一样，只是数字应看标有交流符号"AC"的刻度线的指针位置。

2. 数字万用表

数字式测量仪表现已成为主流，有取代模拟式仪表的趋势。与模拟式仪表相比，数字式仪表灵敏度、准确度高，显示清晰，过载能力强，便于携带，使用更简单。下面以VC9802型数字万用表为例，如图2-37所示，简单介绍其使用方法和注意事项。

（1）使用方法。

1）使用前，应该认真阅读有关的使用说明书，熟悉电源开关、量程开关、插孔、特殊插口的作用。

2）将电源开关置于"ON"位置。

3）交、直流电压的测量。根据需要将量程开关拨至"DVC"（直流）或"ACV"（交流）的合适量程，红表笔插入"V/Ω"孔，黑表笔插入"COM"孔，并将表笔与被测线路并联，读数即显示。

图2-37　VC9802型
数字万用表

4）交、直流电流的测量。将量程开关拨至"DVC"（直流）或"ACV"（交流）的合适量程，红表笔插入"mA"（＜200mA时）或"10A"孔（＞200mA时），黑表笔插入"COM"孔，并将万用表串联在被测电路中即可。测量直流量时，数字万用表能自动显示极性。

5）电阻的测量。将量程开关拨至"Ω"的合适量程，红表笔插入"V/Ω"孔，黑表笔插入"COM"孔。如果被测电阻值超出所选择量程的最大值，万用表将显示"1"，这时应选择更高的量程。测量电阻时，红表笔为正极，黑表笔为负极，这与指针式万用表正好相反。因此，测量晶体管、电解电容器等有极性的元器件时，必须注意表笔的极性。

（2）使用注意事项。

1）如果无法估计被测电压或电流的大小，则应先拨至最高量程挡测量一次，再视情况逐渐把量程减小到合适位置。测量完毕，应将量程开关拨到最高电压挡，并关闭电源。

2）满量程时，仪表仅在最高位显示数字"1"，其他位均消失，这时应选择更高的量程。

3）测量电压时，应将数字万用表与被测电路并联。测电流时应与被测电路串联，测直流量时不必考虑正、负极性。

4）当误用交流电压挡去测量直流电压，或者误用直流电压挡去测量交流电压时，显示屏将显示"000"，或低位上的数字出现跳动。

5）禁止在测量高电压（220V以上）或大电流（0.5A以上）时换量程，以防止产生电弧，烧毁开关触点。

6）当显示"BATT"或"LOW BAT"时，表示电池电压低于工作电压。

3. 使用数字万用表的注意事项

数字万用表是比较精密的仪器，如果使用不当，不仅造成测量不准确且极易损坏。但是，只要掌握数字万用表的使用方法和注意事项，谨慎从事，数字万用表就能经久耐用。使用数字万用表时应注意以下事项：

（1）测量电流与电压不能旋错挡位。如果误用电阻挡或电流挡去测量电压，就极易烧坏电表。数字万用表不用时，最好将挡位旋至交流电压最高挡，避免因使用不当而损坏。

（2）测量直流电压和直流电流时，注意"＋""－"极性，不要接错。如发现指针开始反转，应立即调换表笔，以免损坏指针及表头。

（3）如果不知道被测电压或电流的大小，应先用最高挡，而后再选用合适的挡位来测试，以免表针偏转过度而损坏表头。所选用的挡位越靠近被测值，测量的数值就越准确。

（4）测量电阻时，不要用手触及元件裸露的两端（或两支表笔的金属部分），以免人体电阻与被测电阻并联，使测量结果不准确。

（5）测量电阻时，如将两支表笔短接，调"Ω"调零旋钮至最大，指针仍然达不到0点，这种现象通常是由于表内电池电压不足造成的，应换上新电池方能准确测量。

（6）数字万用表不用时，不要旋在电阻挡，因为内有电池，如不小心易使两表笔相碰短路，不仅耗费电池，严重时甚至会损坏表头。

二、钳形电流表

钳形电流表外形像钳子，是一种用于测量正在运行的电气线路的电流大小的仪表，可在不断电的情况下测量电流，如图2-38所示。

钳形电流表实质上是由一只电流互感器、钳形扳手和一只整流式磁电系反作用力仪表组成。测量时，将钳形电流表的磁铁套在被测导线上，形成一匝的初级线圈，根据电磁感应原理，次级线圈中便会产生感应电流，与次级线圈相连的电流表指针便会发生偏转，指示出线路中电流的数值。

1. 使用方法

使用时，将量程开关转到合适位置，手持手柄，用食指勾紧扳手，便可打开铁芯，将被测导线从铁芯缺口处引入铁芯中央，然后放松扳手，铁芯就自动闭合，表上就感应出电流，可直接读数。

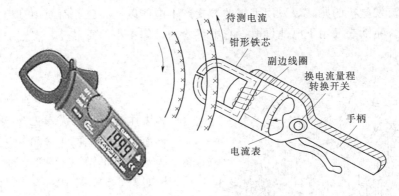

图 2-38　钳形电流表结构

2. 使用钳形电流表的注意事项

（1）测量前要机械调零。

（2）钳形电流表不得测量高压线路的电流，被测线路的电压不能超过钳形电流表所规定的使用电压，以防止击穿绝缘，引起触电。

（3）测量前应估计被测量电流的大小，选择适当的量程，不可用小量程测大电流。

（4）每次测量只能钳入一根导线，测量时将被测量导线置于钳口中央部位，钳口要闭合紧密，以提高测量准确度。测量结束，将量程开关转到最大量程挡位，以便下次安全使用。

（5）测高压线路的电流时，要戴绝缘手套，穿绝缘鞋，站在绝缘垫上。

三、兆欧表

兆欧表是专门用于测量绝缘电阻的仪表。因为它的计量单位是兆欧（MΩ），故取名为兆欧表，又因为使用手摇直流发电机兆欧表时必须用手均匀摇动发电机手柄，所以人们常常把它称为摇表。

兆欧表主要用来检查电气设备、家用电器和电气线路对地及相间的绝缘电阻，以保证这些设备、电器和线路工作在正常状态，避免发生触电伤亡及设备损坏等事故。

按照工作原理的不同，有手摇直流发电机的兆欧表和晶体管电路的兆欧表；按照读数方式不同，有指针式兆欧表和数字式兆欧表，如图 2-39 所示。

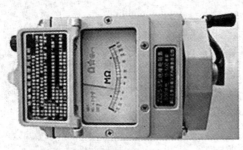

（a）指针式

（b）数字式

图 2-39　兆欧表

手摇直流发电机的兆欧表采用手摇的方式产生电能以及高压，而使用过程中要将刻度校零。电子式兆欧表采用干电池供电，有电量检测，体积小，质量轻，有模拟指针式和数字式显示两种。

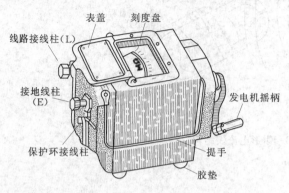

图 2-40 手摇式兆欧表的外形结构

1. 手摇式兆欧表

常用的手摇式兆欧表主要由磁电式流比计和手摇直流发电机两部分组成。手摇式兆欧表的输出电压有 500V、1000V、2500V 和 5000V 等，其外形结构如图 2-40 所示。

手摇式兆欧表的使用方法如下：

（1）校表。校表可分为开路检查和短路检查。

1）开路检查 3 个步骤：一分、二摇、三看。

一分：将"线路接线柱（L）"、"接地线柱（E）"的连接线分开位置。

二摇：先慢后快，以约 120r/min 的转速摇动手柄；同时观察指针情况。

三看：待表的指针指到"∞"处且稳定时，可停止摇动手柄，说明表开路试验检查无异常，如图 2-41（a）所示。

2）短路检查 4 个步骤：一放、二接、三摇、四停止。

一放：将兆欧表水平且平稳放置，检查指针偏转情况。

二接：将"E""L"两端瞬时短接。

三摇：慢慢摇动手柄，同时观察指针偏转的情况。

四停止：若发现指针零点，应立即停止摇动手柄，说明表短路，试验检查无异常，如图 2-41（b）所示。

（2）正确接线。手摇式兆欧表的接线柱有 3 个，分别为"线路（L）"、"接地（E）"、"屏蔽（G）"，如图 2-42 所示。根据不同测量对象做相应接线。

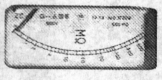

（a）开路检查　　　（b）短路检查

图 2-41　校表检查

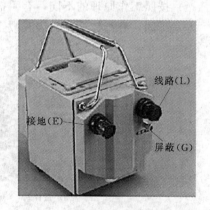

图 2-42　兆欧表的接线柱

1）测量电缆绝缘电阻时，"E"端接电缆外表皮（铅套）上，"L"端接线芯，"G"端接线芯线最外层绝缘层上，其目的是消除线芯绝缘层表面漏电引起的测量误差，如图 2 - 43（a）所示。

2）测量线路对地绝缘电阻时，"E"端接地，"L"端接于被测线路上，如图 2 - 43（b）所示。

3）测量电动机或变压器绕组间的绝缘电阻时，先拆除绕组间的连接线，将"E""L"端分别接在被测的两相绕组上，如图 2 - 43（c）所示。

4）测量电动机或其他设备的绝缘电阻时，"E"端接电动机或设备外壳，"L"端接被测绕组的一端，如图 2 - 43（d）所示。

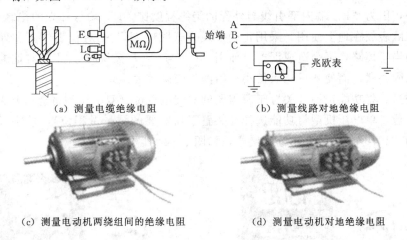

（a）测量电缆绝缘电阻　　　　　　　　　（b）测量线路对地绝缘电阻

（c）测量电动机两绕组间的绝缘电阻　　　　（d）测量电动机对地绝缘电阻

图 2 - 43　兆欧表的接法

（3）测试与拆线。由慢到快摇动手柄，直至转速达到 120r/min 左右，保持手柄的转速均匀、稳定（不要忽快忽慢），一般转动 1min，待指针稳定后读数，并且要边摇边读数，不能停下来读数。读数后应立即做准确记录，必要时还应记录测试时的温度、湿度，以便对测量结果进行分析。应特别注意在测量过程中，如果表针指向"0"处，说明有短路现象，此时应立即停止摇动手柄，以防损坏兆欧表。

测量完毕后，待手柄停止转动和被测物接地放电后方能拆除连接导线。

2. 数字式兆欧表

数字式兆欧表由中大规模集成电路组成，输出功率大，短路电流值高，输出电压等级多（有的机型有 4 个电压等级）。它由机内电池作为电源经 DC/DC 升压变换电路（DC/DC 变换是将固定的直流电压变换成可变的直流电压，也称为直流斩波）产生的直流高压从"E"端输出经被测试物到达"L"端，从而产生一个从"E"到"L"端的电流，经过 I/U 变换经除法器完成运算直接将被测的绝缘电阻值由 LCD 显示出来。

数字式兆欧表在工作时，自身产生高电压，而测量对象又是电气设备，所以必须正确使用；否则会造成人身或设备事故。

（1）准备工作。

1）测量前必须将被测量设备电源切断，并对地短路放电，绝不允许设备带电进行测量，以保证人身和设备的安全。

2）对可能感应出高压电的设备，必须在消除这种可能性后才能进行测量。

3）被测量表面要清洁，减少接触电阻，确保测量结果的准确性。

4）数字式兆欧表共有"L""E""G" 3个接线柱，它与被测量对象的接线方法与手摇式兆欧表相同。

当用数字式兆欧表摇测电气设备的绝缘电阻时，一定要注意"L"和"E"端不能接反，正确的接法是："L"线端钮接被测设备导体，"E"地端钮接地的设备外壳，"G"屏蔽端接被测设备的绝缘部分。如果将"L"和"E"接反，流过绝缘体内及表面的漏电流经外壳汇集到地，由地经"L"流进测量线圈，使"G"失去屏蔽作用而给测量带来很大误差。另外，因为"E"端内部引线与外壳的绝缘程度比"L"端与外壳的绝缘程度要低，当数字式兆欧表放在地上使用，采用正确接线方式时，"E"端对仪表外壳和外壳对地的绝缘电阻相当于短路，不会造成误差，而当"L"与"E"接反时，"E"对地的绝缘电阻与被测量电阻并联，而使测量结果偏小，给测量带来较大误差。

（2）测试。将功能选择开关置于所需要的额定电压位（双电压型将选择开关置于所需的额定电压位，单电压机型将功能选择开关置于所需要的测量量程位），数字式兆欧表的屏幕显示为"1000"，表示工作电源接通，如图2-44所示。

图2-44　数字式兆欧表接通电源情况　　　　图2-45　过量程显示情况

按一下高电压开关按钮，被测对象的绝缘电阻值直接在屏幕上显示出来。若被测量对象的绝缘电阻值超过仪表量程的上限值，屏幕首位仅显示"1"，后3位则没有，如图2-45所示。

（3）电池检查及更换。对于数字式兆欧表，在接通电源时，若显示欠电压符号"[⊥⊥]"，则表示电池电量不足，应及时更换同规格、同型号新电池。

四、接地电阻测试仪

接地电阻测试仪（又称接地摇表）的外形和内部电路结构如图2-46所示。其主要用于直接测量各种接地装置的接地电阻。接地电阻测试仪型号很多，常用的有 ZC-8型、ZC-29型等几种。

ZC-8型接地电阻测试仪有两种量程：一种是 0—1—10—1000；另一种是 0—1—

100—1000。它们都带有两根探测针：其中一根为电位探测针；另一根为电流探测针。

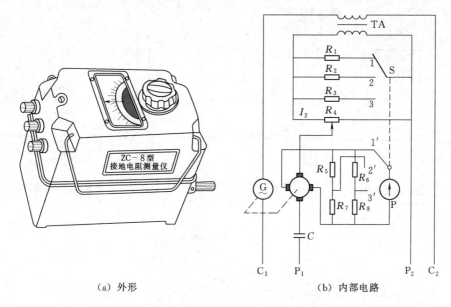

（a）外形　　　　　　　　　　（b）内部电路

图 2-46　ZC-8 型接地电阻测量仪

测量前，首先将两根探测针分别插入地中，如图 2-47 所示，使被测接地极 E′、电位探测针 P′和电流探测针 C′三点在一条直线上，E′至 P′的距离为 20m，E′至 C′的距离为 40 m，然后用专用线分别将 E′、P′和 C′接到仪表相应的端钮上。

测量时，先把仪表放在水平位置，检查检流计的指针是否指在红线上，若不在红线上，则可用"调零螺钉"进行调零，然后将仪表的"倍率标度"置于最大倍数，转动发电机手柄，同时调整"测量标度盘"，使指针位于红线上。如果"测量标度盘"的读数小于 1，则应将"倍率标度"置于较小的倍数，再重新调整"测量标度盘"，以得到正确的读数。

当指针完全平衡在红线上以后，用测量标度盘的读数乘以倍率标度，即为所测的接地电阻值。

使用接地电阻测量仪时，应注意以下几点：

（1）当检流计的灵敏度过高时，可将电位探测针 P′插入土中浅一些；当检流计灵敏度不够时，可在电位探测针 P′和电流探测针 C′周围注水使其湿润。

（2）测量时，接地线要与被保护的设备断开，以便得到准确的测量数据。

（3）当检流计的指针接近平衡（即指针停在中心红线外）时，再加快摇动转速使其达到 120r/min，并同时调整"测量标度盘"，使指针稳定地停在中心线上。

（4）当接地极 E′和电流探测针 C′之间的距离大于 20m 时，或电位探针 P′的位置插在偏离 E′和 C′之间的直线 12m 以外时，测量误差可不计；但 E′、C′间的距离小于 20m 时，则应将电位探针 P′正确地插于 E′和 C′的直线之间。

（5）专用线的探针不能插在接地网内。

（6）接地电阻仪不使用时，要存放在干燥处。

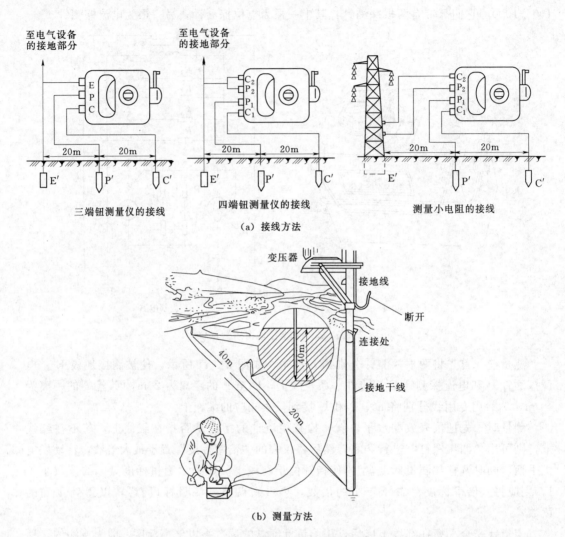

（a）接线方法

（b）测量方法

图 2-47 用 ZC-8 型接地电阻测量仪接地电阻

（7）在运输途中要求专人保护，以防激烈振动而损坏接地电阻仪。

（8）对接地电阻仪要按规定进行校核。

五、电能表

电能表又称电度表或火表，是用来测量电能，累计记录用户在一段时间内消耗电能的仪表。电能表的表头符号是"kWh"。

电能表按结构及工作原理可分为感应式和电子式两种（在 2000 年以前，使用感应式电能表数量多，近年来主要是使用电子式电能表）；按其测量的相数可分为单相电度表和三相电度表。家庭用户通常使用单相机械式电能表或单相电子式电能表，如图 2-48 所示。

1. 电能表的工作原理及种类

感应式电能表采用电磁感应的原理把电压、电流、相位转变为磁力矩，推动铝制圆盘

(a) 单相机械式电能表　　　　(b) 单相电子式电能表

图 2-48　电能表

转动，圆盘的轴（蜗杆）带动齿轮驱动计度器的蜗杆转动，转动的过程即时间量累积的过程。因此感应式电能表的好处就是直观、动态连续、停电不丢数据。

电子式电能表运用模拟或数字电路得到电压和电流向量的乘积，然后通过模拟或数字电路实现电能计量功能。

电子式电能表由于应用了数字技术，近年来纷纷出现了分时计费电能表、预付费电能表、多用户电能表、多功能电能表等新型电能表，进一步满足了科学用电、合理用电的需求。

多费率电能表又称分时电能表、复费率表，俗称峰谷表，是近年来为了适应峰谷分时电价的需要而提供的一种计量手段。它可按预定的峰、谷、平时段的划分，分别计量高峰、低谷、平段的用电量，从而对不同时段的用电量采用不同的电价，发挥电价的调节作用，鼓励用电客户调整用电负荷，移峰填谷，合理使用电力资源，充分挖掘发、供、用电设备的潜力。

预付费电能表俗称卡表。用 IC 卡预购电，将 IC 卡插入表中可控制按费用电，防止拖欠电费。

多用户电能表一只表可供多个用户使用，对每一个用户独立计费，因此可达到节省资源、便于管理的目的，还利于远程自动集中抄表。

载波电能表利用电力载波技术，用于远程自动集中抄表。

2. 电能表的铭牌

电能表的铭牌上标注有产品代号、型号、额定电压、额定电流、每千瓦时（度）电转、频率等参数，如图 2-49 所示。

电能表的工作电流表示一般都标注在铭牌上，用括号形式标注在电流的后面。例如，5（10）A，括号外的 5 表示额定电流为 5A，括号内的 10 表示短时间允许通过的最大电流为 10A。这是选用电能表的重要依据。家用电度表的常用规格有 2.5A、5A、15A、20A 和 40A 等。

3. 电能表的选用

在选用电能表的容量或电流前，应先进行计算。一般应使选用电能表的负载总功率为实际用电总功率的 1.25～4 倍。

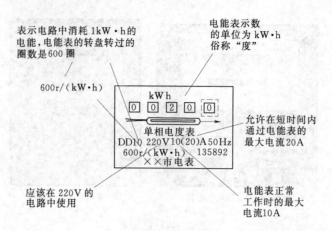

图 2-49　电能表的铭牌

例如，在家庭使用照明灯 4 盏，约为 120W；使用电视机、电冰箱等电器，约为 680W。根据此负荷选用电度表的电流容量，由此得出 $800 \times 1.25 = 900$（W）或 $800 \times 4 = 3200$（W），因此选用电度表的负载瓦数为 900～3200W。故选用电流容量为 10～15A 的电能表较为适宜。

4. 电能表的安装

正确安装电能表是准确计量用电的前提条件之一，也是守法用电的强制要求。

（1）电能的安装位置。

1）电能表应安装在清洁、干燥的场所，环境温度应在 0～40℃之间。电能表不应安装在受日晒雨淋，有易燃、易爆危险，有腐蚀性气体和可燃性气体的场所，也不能安装在多灰尘和潮湿场所。电能表的安装位置应与热力管线保持 0.5m 以上的距离。

2）电能表应安装在不受震动和机械损伤，而且便于安装和抄表工作的场所。

3）电能表表箱安装时其底口距地面应为 1.8～2.2m 之间。装入表箱内的单相有功电能表为单层排列时，表箱底部距地面距离应为 1.7～1.9m；为双层排列时，上层表箱距地面距离不应超过 2.1m。

电能表表箱暗装时其底口距地面不应低于 1.4m。特殊情况下安装时不应低于 1.2m。

电能表装于立式配电盘或成套开关柜时，其安装位置不应低于 0.7m。

4）住宅用户的电能表应固定安装在电能表板、电能表表箱或配电板上。电能表与表板、配电板、表箱和其他相邻的电器元件的距离应满足下列原则：

a. 电能表与表板、配电板的上边沿的距离不小于 50mm。

b. 电能表上端距表箱顶端不小于 80mm。

c. 电能表侧面距表板、表箱侧面边沿不小于 60mm。

d. 电能表侧面距相邻的开关或其他电器元件不小于 60mm。

安装时，电能表与地面必须垂直；否则将影响电能表计数的准确性。电能表在配电板中的一般安装位置如图 2-50 所示。

（2）单相电度表接线方法。单相电度表接线盒里有 4 个接线柱，从左到右按 1、2、3、4 编号。接线方式一般有以下两种：

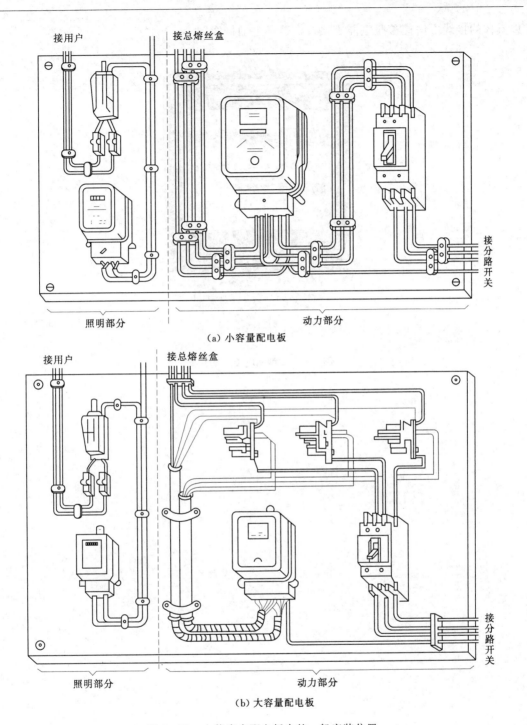

接用户　　接总熔丝盒

接分路开关

照明部分　　动力部分

(a) 小容量配电板

接用户　　接总熔丝盒

接分路开关

照明部分　　动力部分

(b) 大容量配电板

图 2-50　电能表在配电板中的一般安装位置

1）按编号 1、3 接进线（1 接火线、3 接零线），2、4 接出线（2 接火线、4 接零线），如图 2-51 所示，国产电度表统一采用这种接线方式。

2）也有些单相电能表的接线方法是按编号 1、2 接电源进线，编号 3、4 接出线。所以具体的接线方法应参照电能表接线桩盖子上的接线图。

图 2-51 单相电能表的接线

知识点四 导线连接的基本技能

在日常的电气安装工作中，常常需要把一根导线与另一根导线连接起来。导线的连接是电工基本技能之一。导线连接的质量关系着线路和设备运行的可靠性和安全性。

导线的连接过程大致可分为 3 个步骤，即导线绝缘层的剥削、导线线头的连接和导线连接处绝缘层的恢复。

导线与导线的连接处一般被称为接头，导线接头的技术要求是：导线接触紧密，不得增加电阻；接头处的绝缘强度不应低于导线原有的绝缘强度；接头处的机械强度不应小于导线原有的机械强度的 80%。

一、导线绝缘层的剥削

1. 塑料硬线绝缘层的剥削

芯线截面积为 4mm² 及以下的塑料硬线，其绝缘层用钢丝钳剥削，具体操作方法：根据所需线头长度，用钳头刀口轻切绝缘层（不可切伤芯线），然后用右手握住钳头用力向外勒去绝缘层，同时左手握紧导线反向用力配合动作，如图 2-52 所示。

芯线截面大于 4mm² 的塑料硬线，可用电工刀来剖削其绝缘层，方法如下：

（1）根据所需的长度用电工刀以 45°角斜切入塑料绝缘层，如图 2-53（a）所示。

（2）接着刀面与芯线保持 15°角左右，用力向线端推削，不可切入芯线，削去上面一层塑料层，如图 2-53（b）所示。

（3）将下面的塑料绝缘层向后扳翻，最后用电工刀齐根切去，如图 2-53（c）所示。

图 2-52 用钢丝钳剥削塑料硬线绝缘层

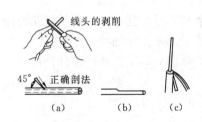

图 2-53 电工刀剥削塑料硬线绝缘层

2. 皮线线头绝缘层的剥削

（1）在皮线线头的最外层用电工刀割一圈，如图 2-54（a）所示。

（2）削去一条保护层，如图 2-54（b）所示。

（3）将剩下的保护层剥割去，如图 2-54（c）所示。

（4）露出橡胶绝缘层，如图 2-54（d）所示。

（5）在距离保护层约 10mm 处，用电工刀以 45°角斜切入橡胶绝缘层，并按塑料绝缘线的剖削方法剥去橡胶绝缘层，如图 2-54 （e）所示。

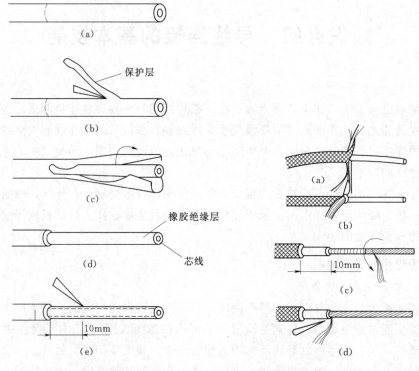

图 2-54　皮线线头的剥削　　　　图 2-55　花线绝缘层的剥削

3. 花线线头绝缘层的剥削

（1）花线最外层棉纱织物保护层的剥削方法和里面橡胶绝缘层的剥削方法类似皮线线端的剥削。由于花线最外层的棉纱织物较软，可用电工刀将四周切割一圈后用力将棉纱织物揭去，如图 2-55 （a）、图 2-55 （b）所示。

（2）在距棉纱织物保护层末端 10mm 处，用钢丝钳刀口切割橡胶绝缘层，不能损伤芯线，然后右手握住钳头，左手把花线用力抽拉，通过钳口勒出橡胶绝缘层。花线的橡胶层剥去后就露出了里面的棉纱层。

（3）用手将包裹芯线的棉纱松散开，如图 2-55 （c）所示。

（4）用电工刀割断棉纱，即露出芯线，如图 2-55 （d）所示。

4. 塑料护套线头绝缘层的剥削

（1）按所需长度用电工刀刀尖对准芯线缝隙划开护套层，如图 2-56 （a）所示。

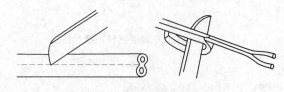

图 2-56　护套线绝缘层的剥削

（2）向后扳翻护套层，用电工刀齐根切去，如图 2-56 （b）所示。

（3）在距离护套层 5～10mm 处，用电工刀按照剖削塑料硬绝缘层的方法，分别将每根芯线的绝缘层剥除。

5. 塑料多芯软线线头绝缘层的剥削

塑料多芯软线不要用电工刀剥削；否则容易切断芯线。可以用剥线钳或钢丝钳剥离塑料绝缘层，方法如下：

（1）左手拇、食指先捏住线头，按连接所需长度，用钢丝钳钳头刀口轻切绝缘层。注意：只要切破绝缘层即可，千万不可用力过大，使切痕过深，如图 2-57（a）所示。

（2）左手食指缠绕一圈导线，并握拳捏住导线，右手握住钳头部，两手同时反向用力，左手抽右手勒，即可把端部绝缘层剥离芯线，如图 2-57（b）所示。

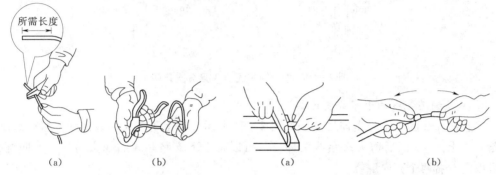

图 2-57　钢丝钳剥削塑料软线绝缘层　　　图 2-58　铅包线线头绝缘层剥削

6. 铅包线线头绝缘层剥削

（1）在剥削处用电工刀将铅包层横着切断一圈后拉去，如图 2-58（a）所示。

（2）用剥削塑料护套绝缘层的方法去除公共绝缘层和每股芯线的绝缘层，如图 2-58（b）所示。

在导线连接前，必须把导线端部的绝缘层削去。操作时应根据各种导线的特点选择恰当的工具，剥削绝缘层的操作方法一定要正确。

不论采用哪种剥削方法，剥削时千万不可损伤线芯；否则，会降低导线的机械强度，且会因为导线截面积减小而增加导线的电阻值，在使用过程中容易发热。此外，在损伤线芯处缠绕绝缘带时容易产生空隙，增加了线芯氧化的概率。

绝缘层剥削的长度，依接头方式和导线截面积的不同而不同。

二、铜芯导线的连接

1. 单股铜芯导线的直线连接

连接时先将两导线芯线线头按图 2-59（a）所示成 X 形相交，然后按图 2-59（b）所示互相绞合 2~3 圈后扳直两线头，接着按图 2-59（c）所示将每个线头在另一芯线上紧贴并绕 6 圈，最后用钢丝钳切去余下的芯线，并钳平芯线末端。

2. 单股铜芯导线的 T 形分支连接

将支路芯线的线头与干线芯线成十字相交，在支路芯线根部留出 5mm，然后顺时针方向缠绕支路芯线，缠绕 6~8 圈后用钢丝钳

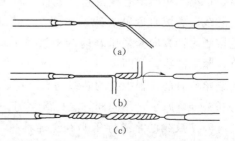

图 2-59　单股铜芯导线的直接连接

切去余下的芯线，并钳平芯线末端。如果连接导线截面积较大，两芯线十字交叉后直接在干线上紧密缠 8 圈即可，如图 2-60 (a) 所示。较小截面积的芯线可按图 2-60 (b) 所示，环绕成结状，然后再将支路芯线线头抽紧折扳直，向左紧密地缠绕 6~8 圈后，剪去多余芯线，钳平多余芯线，钳平切口毛刺。

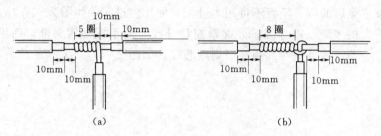

图 2-60　单股铜芯线的 T 形分支连接

3. 单股铜芯导线的十字分支连接

单股铜导线的十字分支连接方法如图 2-61 所示，将上下支路芯线的线头紧密缠绕在干路芯线上 5~8 圈后剪去多余线头即可。可以将上下支路芯线的线头向一个方向缠绕，也可以向左右两个方向缠绕。

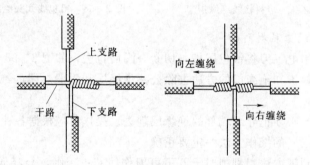

图 2-61　单股铜导线的十字分支连接

4. 7 股铜芯导线的直线连接

先将剖去绝缘层的芯线线头散开并拉直，如图 2-62 (a) 所示。把靠近绝缘层 1/3 线段的芯线绞紧，并将余下的 2/3 芯线线头分散成伞状，将每根芯线拉直，如图 2-62 (b) 所示；把两股伞骨形芯线一根隔一根地交叉直至伞形根部相连，如图 2-62 (c) 所示；然后捏平交叉插入芯线，如图 2-62 (d) 所示；把左边的 7 股芯线按 2、2、3 根分成 3 组，把第一组两根芯线扳起，垂直于芯线，并按顺时针方向缠绕两圈，缠绕两圈后将余下的芯线向右扳直紧贴芯线，如图 2-62 (e) 所示，把下面第二组的两根芯线向上扳直，也按顺时针方向紧紧压着前两根扳直的芯线缠绕，缠绕两圈后，也将余下的芯线向右扳直，紧贴芯线，如图 2-62 (f) 所示；再把下边第三组的 3 根芯线向上扳直，按顺时针方向紧紧压着前 4 根扳直的芯线向右缠绕。缠绕 3 圈后，切去多余的芯线，钳平线端，如图 2-62 (g) 所示；用同样方法再缠绕另一边芯线，如图 2-62 (h) 所示。

5. 7 股铜芯导线的 T 形分支连接

将分支芯线散开并拉直，如图 2-63 (a) 所示；把紧靠绝缘层 1/8 线段绞紧，把剩余

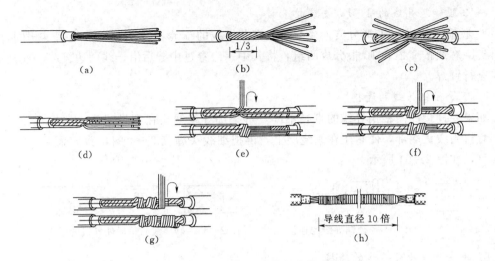

图 2-62 7 股铜芯导线的直线连接

7/8 的芯线分成两组，一组 4 根，另一组 3 根并排齐，如图 2-63（b）所示；用螺丝刀把干线的芯线撬开分为两组，如图 2-63（c）所示；把支线中 4 根芯线的一组插入干线芯中间，而把 3 根芯线的一组放在干线芯线的前面，如图 2-63（d）所示；把 3 根芯线的一组在干线右边按顺时针方向紧紧缠绕 3～4 圈，并钳平线端；把 4 根芯线的一组在干线芯线的左边按逆时针方向缠绕 4～5 圈，如图 2-63（e）所示；最后钳平线端，连接好的导线如图 2-63（f）所示。

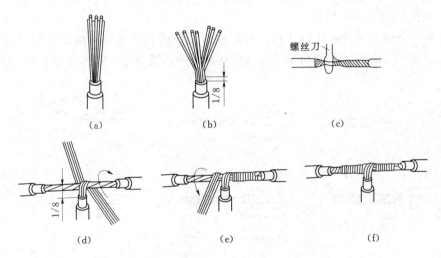

图 2-63 7 股铜芯导线的 T 形分支连接

6．19 股铜芯导线的直线连接

19 股铜芯导线的直线连接与 7 股铜芯导线的直线连接方式基本相同。由于 19 股铜芯导线的股数较多，可剪去中间的几股，按要求在根部留出一定长度绞紧，隔股对叉，分组缠绕。连接后，在连接处应进行钎焊，以增加其机械强度和改善导电性能。

7. 19 股铜芯导线的 T 形分支连接

19 股铜芯导线的 T 形分支连接与 7 股铜芯导线的 T 形分支连接方法也基本相同，只是将支路芯线按 9 根和 10 根分成两组，将其中一组穿过中缝后沿干线两边缠绕。连接后，也应进行钎焊。

8. 不等径铜导线的连接

如果要连接的两根铜导线的直径不同，可把细导线线头在粗导线头上紧密缠绕 5～6 圈，弯折粗线头端部，使它压在缠绕层上，再把细线头缠绕 3～4 圈，剪去余端，钳平切口即可，如图 2-64 所示。

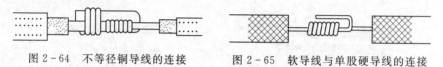

图 2-64　不等径铜导线的连接　　　图 2-65　软导线与单股硬导线的连接

9. 软线与单股硬导线的连接

连接软线和单股硬导线时，可先将软线拧成单股导线，再在单股硬导线上缠绕 7～8 圈，最后将单股硬导线向后弯曲，以防止绑线脱落，如图 2-65 所示。

10. 同一方向导线的连接

当需要连接的导线来自同一方向时，可以采用 2-65 所示的方法连接。

对于单股导线，可将一根导线的芯线紧密缠绕在其也导线的芯线上，如图 2-66 (a) 所示，再将其他芯线的线头折回压紧即可，如图 2-66 (b) 所示。

对于多股导线，可将两根导线的芯线互相交叉，如图 2-66 (c) 所示，然后绞合拧紧即可，如图 2-66 (d) 所示。

对于单股导线与多股导线的连接，可将多股导线的芯线紧密缠绕在单股导线的芯线上，如图 2-66 (e) 所示，再将单股芯线的线头折回压紧即可，如图 2-66 (f) 所示。

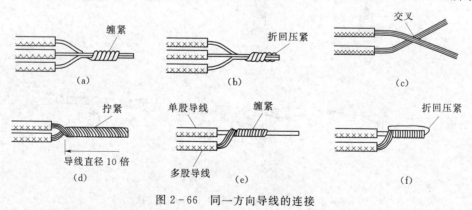

图 2-66　同一方向导线的连接

三、铝芯导线的连接

由于铝的表面极易氧化，而氧化铝薄膜的电阻率又很高，所以铝芯导线主要采用压接管压接和沟线夹螺栓压接。

1. 压接管压接

压接管压接又称为套管压接。这种压接方法适用于室内外负荷较大的多根铝芯导线的直接连接。接线前，先选好合适的压接管，如图 2-67（a）所示，清除线头表面和压接管内壁上的氧化层和污物，然后将两根线头相对插入并穿出压接管，使两线端各伸出压接管 25～30mm，如图 2-67（b）所示，再用压接钳压接，如图 2-67（c）所示。压接后的铝线接头如图 2-67（d）所示。如果压接钢芯铝绞线，则应在两根芯线之间垫上一层铝质垫片。压接钳在压接管上的压坑数目：室内线头通常为 4 个，室外通常为 6 个。铝绞线压坑数目：截面为 16～25mm² 的为 6 个；截面为 50～70mm² 的为 10 个。钢芯铝绞线

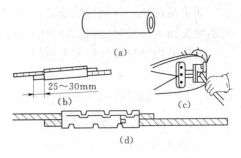

图 2-67　压接管压接

压坑数目：截面为 16mm² 的为 12 个，截面为 25～35mm² 的为 14 个，截面为 50～70mm² 的为 16 个，截面为 95mm² 的为 20 个，截面为 120～150mm² 的为 24 个。

2. 沟线夹螺栓压接

沟线夹螺栓压接适用于室内外截面较大的架空铝导线的直线和分支连接。连接前，先用钢丝刷除去导线线头和沟线夹槽内壁上的氧化层和污物，涂上凡士林锌膏粉（或中性凡士林），然后将导线卡入线槽，旋紧螺栓，使沟线夹紧夹住线头而完成连接，如图 2-68 所示。为防止螺栓松动，压紧螺栓上应套以弹簧垫圈。

沟线夹的大小和使用数量与导线截面大小有关。通常截面为 70mm² 及以下的铝线，用一副小型沟线夹；截面在 70mm² 以上的铝线，用两副大型沟线夹，二者之间相距 300～400mm。

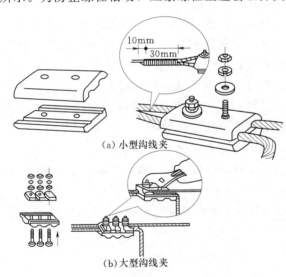

（a）小型沟线夹

（b）大型沟线夹

图 2-68　沟线夹螺栓压接

四、铜、铝之间的连接

铜导线与铝导线连接时，不可忽视电化腐蚀问题。如果简单地用绞接或绑接方法使二者直接连接，则铜、铝的腐蚀会引起接触电阻增大而造成接头过热。实践表明，铜、铝导线直接相连的接头，在电气线路中使用寿命很短，因此，铜、铝导线连接时，应采取防电化腐蚀的措施。常见的措施有以下两种：

（1）采用铜铝过渡接线端子或铜铝过渡连接管。这是一种常用的防电化腐蚀方法。铜铝过渡连接端子一端是铝筒，另一端是铜接线板。铝筒与铝导线连接，铜接线板直接与电气设备引出线铜端子相接。

在铝导线上固定铜铝过渡接线端子，常采用焊接法或压接法。采用压接法时，压接前剥掉铝导线端部绝缘层，除掉导线接头表面和端子内部的氧化层，将中性凡士林加热，熔成液体油脂，将其涂在铝筒内壁上，并保持清洁。将导线线芯插入铝筒内，用压接钳进行

压接。压接时先在靠近端子线筒口处压第一个压槽，然后再压第二个压槽。

如果是铜导线与铝导线连接，则采用铜铝过渡连接管，把铜导线插入连接管的铜端，把铝导线插入连接管的铝端，然后用压接钳压接。

（2）采用镀锌紧固件或夹垫锌片或锡片连接。由于锌与锡与铝的标准电极电位相差较小，因此，在铜、铝之间有一层锌或锡，可以防止电化腐蚀。锌片与锡片的厚度为1～2mm。此外，也可将铜皮镀锡作为衬垫。

五、线头与接线端子（接线桩）的连接

1. 线头与针孔接线桩的连接

端子板、某些熔断器、电工仪表等的接线；大多利用接线部位的针孔并用压接螺钉压住线头以完成连接。如果线路容量小，可只用一只螺钉压接；如果线路容量较大或对接头质量要求较高，则使用两只螺钉压接。

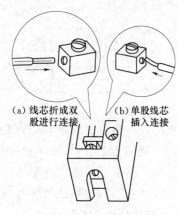

(a) 线芯折成双股进行连接　(b) 单股线芯插入连接

图2-69　单股芯线与针孔接线桩连接

单股芯线与接线桩连接时，最好按要求的长度将线头折成双股并排插入针孔，使压接螺钉顶紧在双股芯线的中间，如图2-69（a）所示。如果线头较粗，双股芯线插不进针孔，也可将单股芯线直接插入，但芯线在插入针孔前，应朝着针孔上方稍微弯曲，以免压紧螺钉稍有松动线头就脱出，如图2-69（b）所示。

在接线桩上连接多股芯线时，先用钢丝钳将多股芯线进一步绞紧，以保证压接螺钉顶压时不致松散。此时应注意，针孔与线头的大小应匹配，如图2-70（a）所示。如果针孔过大，则可选一根直径相宜的导线作为绑扎线，在已绞紧的线头上紧紧地缠绕一层，使线头大小与针孔匹配后再进行压接，如图2-70（b）所示。如果线头过大，插不进针孔，则可将线头散开，适量剪去中间几股，如图2-70（c）所示，然后将线头绞紧就可进行压接。通常7股芯线可剪去1～2股，19股芯线可剪去1～7股。

无论是单股芯线还是多股芯线，线头插入针孔时必须插到底，导线绝缘层不得插入孔内，针孔外的裸线头长度不得超过3mm。

(a) 针孔合适的连接　(b) 针孔过大时线头的处理　(c) 针孔过小时线头的处理

图2-70　多股芯线与针孔接线桩连接

2. 线头与螺钉平压式接线桩的连接

单股芯线与螺钉平压式接线桩的连接，是利用半圆头、圆柱头或六角头螺钉加垫圈将线头压紧完成连接的。对载流量较小的单股芯线，先将线头变成压接圈（俗称羊眼圈），

再用螺钉压紧。为保证线头与接线桩有足够的接触面积，日久不会松动或脱落，压接圈必须弯成圆形。单股芯线压接圈弯法如图 2-71 所示。

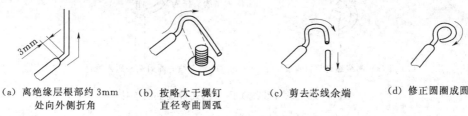

　　　（a）离绝缘层根部约 3mm　　　（b）按略大于螺钉　　　（c）剪去芯线余端　　　（d）修正圆圈成圆
　　　　　处向外侧折角　　　　　　　　直径弯曲圆弧

图 2-71　单股芯线压接圈弯法

对于横截面不超过 $10mm^2$ 的 7 股及以下多股芯线，应按图 2-72 所示方法弯制压接圈。首先离绝缘层根部约 1/2 长的芯线重新绞紧，越紧越好，如图 2-72（a）所示；将绞紧部分的芯线，在离绝缘层根部 1/3 处向左外折角，然后弯曲圆弧，如图 2-72（b）所示；当圆弧弯曲得将成圆形（剩下 1/4）时，应将余下的芯线向右外折角，然后使其成圆，捏平余下线端，使两端芯线平行，如图 2-72（c）所示；把散开的芯线按 2、2、3 根分成 3 组，将第一组两根芯线扳起，垂直于芯线［要留出垫圈边宽，如图 2-72（d）所示］；按 7 股芯线直线对接的自缠法加工，如图 2-72（e）所示。图 2-72（f）是缠成后的 7 股芯线压接圈。

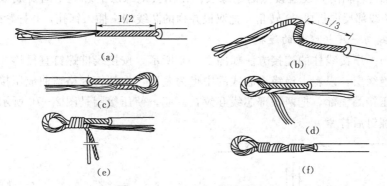

图 2-72　7 股导线压接圈弯法

对于横截面超过 $10mm^2$ 的 7 股以上软导线端头，应安装接线耳。

压接圈与接线圈连接的工艺要求是：压接圈和接线耳的弯曲方向与螺钉拧紧方向一致；连接前应清除压接圈、接线耳和垫圈上的氧化层和污物，然后将压接圈或接线耳放在垫圈下面，用适当的力矩将螺钉拧紧，以保证接触良好。压接时不得将导线绝缘层压入垫圈内。

软导线线头也可用螺钉平压式接线桩连接。软导线线头与压接螺钉之间的绕结方法如图 2-73 所示，其工艺要求与上述多股芯线压接相同。

3. 线头与瓦形接线桩的连接

瓦形接线桩的垫圈为瓦形。为了保证线头不从瓦形接线桩内滑出，压接前应先将已去除氧化层和污物的线头弯成 U 形，如图 2-74（a）所示，然后将其卡入瓦形接线桩内进行压接。如果需要把两个线头接入一个瓦形接线桩内，则应使两个弯成 U 形的线头重合，

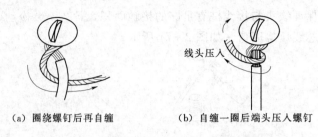

(a) 圈绕螺钉后再自缠　　　　(b) 自缠一圈后端头压入螺钉

图 2-73　软导线线头用平压式接线桩的连接

然后将其卡入瓦形垫圈下方进行压接，如图 2-74（b）所示。

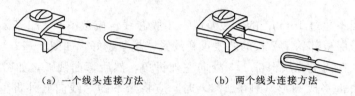

(a) 一个线头连接方法　　　　(b) 两个线头连接方法

图 2-74　单股芯线与瓦形接线桩的连接

4. 直导线与针孔螺钉的连接

直导线与针孔螺钉的连接方法如图 2-75 所示。按针孔深度的两倍长度，再加 5~6mm 的芯线根部余度，剥离导线连接点的绝缘层。在剥去绝缘层的芯线中间折成双根呈并列状态，并在两芯线部反向折成 90°转角。把双根并列的芯线端头插入针孔，并拧紧螺钉。

5. 直导线与平压接线柱的连接

直导线与平压接线柱的连接方法如图 2-76 所示。按接线桩螺钉直径约 6 倍长度剥离导线连接点绝缘层，以剥去绝缘层芯线的中点为基准，按螺钉规格弯曲成压接圈后，用钢丝钳紧夹住压接圈根部，把两根部芯线互绞在一起，使压接圈呈图 2-76 所示的形状，把压接圈套入螺钉后拧紧。

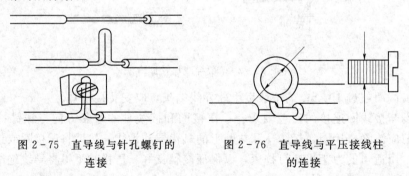

图 2-75　直导线与针孔螺钉的　　　图 2-76　直导线与平压接线柱
　　　　　　连接　　　　　　　　　　　　　　的连接

六、管形端子压接

剥去导线（电缆）绝缘层时，不得损害线芯，并使导线线芯金属裸露（图 2-77）；剥线长度以端子型号为准。采用管形端子接线时，应保证导线绝缘层要进入端子的圆孔中：4mm² 及以下导线的绝缘外皮要求进去 3~5mm，6~10mm² 导线的绝缘外皮要求进去 5~7mm（图 2-78）。在接线端子与导线插装之前，将剥开的线芯和接线端子仔细清理干净，要求裸露导线光洁无非导电物和异物，接线端子内部清洁。剥开的线芯插入接线端

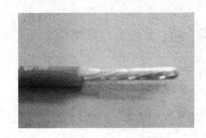

图 2-77 剥导线绝缘层

子套时，将所有的线芯全部插入端子中。将管形端子压接到导线上，需要专用压线钳压接（OPTSN-06W、SN-10WF，图 2-79）。导线的截面要与接线端子的规格相符。使用压接工具的钳口要与导线截面相符，压线钳必须在有效期内。压接部位在接线端子套的中部，压接部位要求正确（图 2-80）使用无限位装置的压接工具，必须把工具手柄压到底，以达到所需力学性能。压好管形端子（图 2-81）。

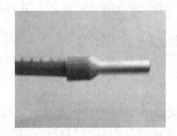

图 2-78 套上管形端子

图 2-79 压接钳

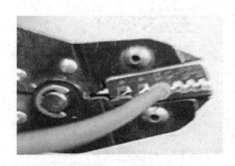

图 2-80 压接管形端子

图 2-81 压接完毕

七、导线的焊接

导线与接线端子、导线与导线之间的焊接有 3 种基本形式，即绕焊、钩焊和搭焊等。导线焊接前的准备如图 2-82（a）所示。

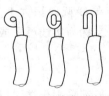

（a）导线弯曲形状

（b）绕焊

（c）钩焊

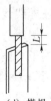

（d）搭焊

图 2-82 导线与端子的焊接

（L=1~3mm）

1. 导线与接线端子的焊接

(1) 绕焊。把经过镀锡的导线端头在接线端子上缠绕一圈，用钳子拉紧缠牢后进行焊接，如图 2 - 82 (b) 所示。这种焊接可靠性最好。

(2) 钩焊。将导线端子弯成钩形，钩在接线端子上并用钳子夹紧后焊接，如图 2 - 82 (c) 所示。这种焊接操作简便，但强度低于绕焊。

(3) 搭焊。把镀锡的导线端搭到接线端子上施焊，如图 2 - 82 (d) 所示。此种焊接最简便，但强度可靠性最差，仅用于临时连接等。

2. 导线与导线的焊接

导线之间的焊接以绕焊为主，如图 2 - 83 (a)、图 2 - 83 (b) 所示，具体操作步骤如下：

(1) 将导线线头去掉一定长度的绝缘外层。

(2) 端头上锡，并套上合适的绝缘套管。

(3) 绞合导线，施焊。

(4) 趁热套上套管，冷却后将套管固定在接头处。

注意：对调试后维修中的临时线，也可采用搭焊的办法。导线与导线的搭焊如图 2 - 83 (c) 所示。

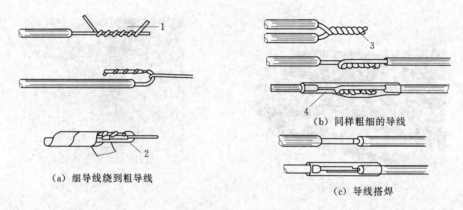

(a) 细导线绕到粗导线

(b) 同样粗细的导线

(c) 导线搭焊

图 2 - 83　导线与导线的焊接

1—剪去多余部分；2—焊接后恢复绝缘；3—扭转并焊接；4—热缩套管

八、导线的封端

为保证导线线头与电气设备的连接质量和力学性能，对于导线截面积大于 $10mm^2$ 的多股铜线、铝线一般都应在导线线头上焊接或压接接线端子（又称为接线鼻子或接线耳），再由接线端子与电气设备连接，这种方法称为导线的封端。

1. 铝导线的封端

由于铝导线表面极易氧化，用通常的锡焊法较为困难。一般都采用压接法封端，步骤如下：

(1) 根据铝芯线的截面积选用合适的铝接线端子，然后剥去芯线端部绝缘层，如图 2 - 84 所示。

（2）刷去铝芯线表面氧化层涂上中性凡士林油膏，如图2-85所示。

（3）刷去铝接线端子内壁氧化层，并涂上中性凡士林油膏，如图2-86所示。

（4）把芯线插入接线端子的插孔，要插到孔底，如图2-87所示。

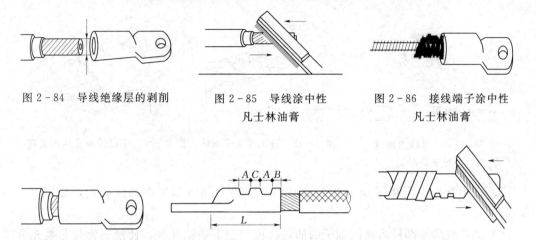

图2-84　导线绝缘层的剥削　　　图2-85　导线涂中性　　　图2-86　接线端子涂中性
　　　　　　　　　　　　　　　　　　凡士林油膏　　　　　　　凡士林油膏

图2-87　导线插入接线端子　　　图2-88　端子的压接　　　图2-89　做绝缘并去氧化处理

（5）用压接钳在铝接线端子正面压两个坑，先压靠近插线孔处的第一个坑，再压第二个坑，压坑的尺寸可查阅相关手册，如图2-88所示。

（6）在剥去绝缘层的铝芯导线和铝接线端子根部包上绝缘带并刷去接线端子表面的氧化层，如图2-89所示。

2. 铜导线的封端

铜导线封端常用的有压接法和锡焊法。

（1）压接法封端。把剥去绝缘层并涂上中性凡士林油膏的芯线插入内壁也涂上中性凡士林油膏的铜接线端子孔内。然后有压接钳进行压接，在铜接线端子的正面压两个坑，先压外壳，再压内坑，两个坑要在一条直线上。最后从导线绝缘层到铜接线端子根部包上绝缘带，如图2-90所示。

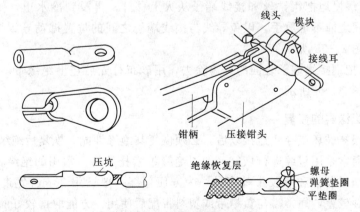

图2-90　铜导线用压接法封端

（2）锡焊法封端。铜导线采用锡焊法封端的操作步骤如下：

1）剥掉铜芯导线端部的绝缘层，除去芯线表面和接线端子内壁的氧化膜，分别涂以无酸焊锡膏，如图 2-91 所示。

2）用一根粗铁丝系住铜接线端子，使插线孔口朝上并放到火里加热，如图 2-92 所示。

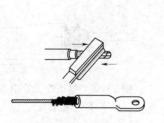 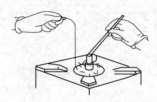

图 2-91　导线去绝缘　　　图 2-92　铜接线端子加热　图 2-93　铜接线端子孔内熔锡
　　　　并做氧化处理

3）把锡条插在铜接线端子的插线孔内，使锡受热后熔解在插线孔内，如图 2-93 所示。

4）把芯线的端部插入接线端子的插线孔内，上下插拉几次，使液态锡与芯线充分接触，然后把芯线插到孔底，如图 2-94 所示。

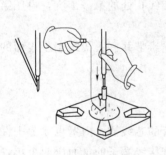  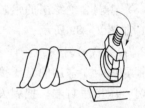

图 2-94　芯线插入端子孔内　　　图 2-95　冷却端子　　图 2-96　表面打光并做绝缘
　　　　使锡液分布均匀

5）平稳而缓慢地把粗铁丝和接线端子从火上移开，再浸到冷水里，使液态锡凝固。在锡焊充分凝固之前不可放手，以免导线与接线端子之间的位置挪动导致焊锡结晶粗糙，甚至脱焊，如图 2-95 所示。

6）用锉刀把铜接线端子表面的焊锡除去，用砂布打光后包上绝缘带，即可与电器接线桩连接，如图 2-96 所示。

九、导线绝缘层的恢复

导线绝缘层被破坏或导线连接以后，必须恢复其绝缘性能。恢复后绝缘强度不应低于原有绝缘层。通常采用包缠进行恢复，即用绝缘带紧扎数层。常用的绝缘材料有黄蜡带、涤纶薄膜层、塑料胶带和黑胶带等多种，为方便包缠一般选用 20mm 宽度的绝缘带。由于黑胶布防水性较差，通常需与黄蜡带或塑料带配后使用，方能取得较好的效果。

1. 绝缘带的包扎方法

将黄蜡带从导线左边完整的绝缘层处开始包缠，包缠两根带宽后方可进入连接处的芯线部分，如图2-97（a）所示。包缠时，黄蜡带与导线应保持55°的倾斜，每圈压叠带宽的1/2，如图2-97（b）所示。包扎一层黄蜡带后，将黑胶布接在黄蜡带的尾端，按另一斜叠方向包扎一层黑胶布，每圈也压叠带宽1/2，如图2-97（c）和图2-97（d）所示。

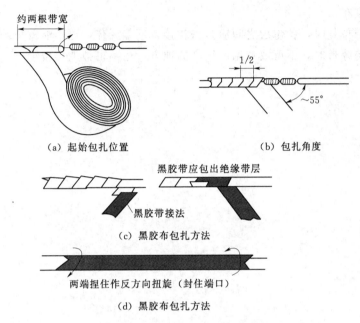

（a）起始包扎位置　　　　　　（b）包扎角度

黑胶带应包出绝缘带层

黑胶带接法

（c）黑胶布包扎方法

两端捏住作反方向扭旋（封住端口）

（d）黑胶布包扎方法

图2-97　绝缘层恢复方法

导线T形接头的绝缘处理基本方法与直线连接头绝缘层恢复的方法相似，绝缘带要走一个T形的来回，使每根导线上都包缠两层绝缘胶带，每根导线都应包缠到完好绝缘层的2倍胶带宽度处，如图2-98所示。

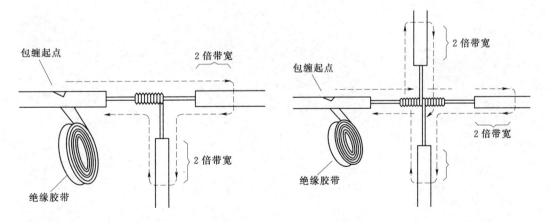

图2-98　导线T形接头绝缘层恢复方法　　　图2-99　导线十字形接头绝缘层恢复方法

同理，对导线的十字形接头进行绝缘处理时，包缠绝缘带应走一个十字形的来回，使每根导线上都包缠两层绝缘带，每根导线也都应包缠到完好绝缘层的2倍胶带宽度处，如图2-99所示。

2. 注意事项

（1）在 380V 线路上恢复导线绝缘时，必须先包 1～2 层黄蜡带，然后再包 1 层黑胶布。

（2）在 220V 线路上恢复导线绝缘时，先包扎 1 层黄蜡带，然后再包 1 层黑胶布，或者只包 2 层黑胶布。

（3）绝缘带包扎时，各包层之间应紧密相接，不能稀疏，更不能露出芯线。

（4）存放绝缘带时，不可放在温度很高的地方，也不可被油类侵蚀。

技能训练一　电气仪表使用训练

任务目标：

- 了解常用仪表的工作原理以及结构。
- 熟练掌握常用仪表的测量。

设备及工具： 数字型万用表、机械型万用表、钳形电流表、500MΩ摇表、接地电阻测量仪、接地电阻测量表、PNP三极管、NPN三极管、电容、滑动电阻器、三相电动机、交、直流电源等。

一、训练步骤

（1）数字型万用表测量交直流电压、交直流电流、电阻测量、三极管极性测量、电容值测量、温度、噪声比等。

（2）机械型万用表测量交直流电压、交直流电流、电阻测量、三极管极性测量、电容值测量等。

（3）钳形电流表测量三相异步电动机的各相电流值。

（4）摇表对三相异步电动机的各相绝缘测量、对地绝缘测量等。

（5）接地电阻测量仪测量。

二、评分标准

项目	内容	要　求	配分	得分
表计的使用	任选一表计	（1）表计的使用方法叙述不清扣10分。 （2）表计的使用方法叙述错误扣20分	30	
测量操作	测量接线 测量操作步骤 读数准确	（1）接线错误扣10分。 （2）操作错误扣20分，操作步骤不正确一次扣5分。 （3）读数错误扣10分，不准确扣5分	50	
工具、仪表、整理	工具、仪表、整理 仪器设备完好	（1）不整理的扣10分，没按要求整理的扣5分。 （2）由于使用不当损坏仪器设备扣20分	10	
时间	30min	每超过10min扣5分，不满10min算10分	10	

技能训练二 导线连接训练

任务目标：
- 了解各种导线的绝缘剥法。
- 掌握各种导线的连接、接线端子的连接及方法。
- 掌握导线的焊接及方法。
- 掌握导线绝缘层的恢复。

设备及工具： 电工刀、钢丝钳、尖嘴钳、电烙铁、绝缘胶带、BV2.5单芯铜塑料导线、BVR2.5多股软导线、护套线、花线、7股铝绞线、接线端子等。

一、训练步骤

（1）单芯塑料导线、多股软导线、护套线、花线的绝缘剥削。

（2）单芯铜导线的对接、T形连接和十字形连接。

（3）多股软导线的对接、T形连接等。

（4）单芯线压接圈以及瓦形接线桩的连接制作。

（5）花线的蝴蝶结制作。

（6）导线的焊接。

（7）管形端子、UT接线端子、OT接线端子、插簧端子、奶嘴形端子的接线制作。

（8）各种导线绝缘的恢复。

二、评分标准

项目	内容	要　求	配分	得分
导线直接连接	（1）导线绝缘层剥削正确，未伤芯线。 （2）连接方法和步骤正确，其连接部分为直线	（1）绝缘层剥削不正确，并有割伤，扣5分。 （2）一项不符合要求，扣5分	20	
导线T形、十字形连接	（1）导线绝缘层剥削正确，未伤芯线。 （2）连接方法和步骤正确，其连接部分为T形和十字形	（1）绝缘层剥削不正确，并有割伤，扣5分。 （2）一项不符合要求，扣5分	20	
压接圈以及瓦形接线桩连接	（1）导线圆圈操作10个，均符合要求。 （2）多股导线压接圈的弯法。 （3）导线线头与接线端子的连接	（1）一个导线圆圈不符合要求，扣1分。 （2）多股导线压接圈操作步骤错误，扣5分；弯法不符合要求，扣5分。 （3）导线与接线端子的压接不合格，扣5分	20	

项目	内容	要　求	配分	得分
蝴蝶结制作	花线蝴蝶结制作	花线蝴蝶结制作不合格，扣 5 分	10	
导线焊接	(1) 多股软导线的对焊。 (2) 单芯铜导线的对焊	(1) 焊接不牢固，扣 5 分。 (2) 出现虚焊，扣 5 分	10	
绝缘恢复	正反向各缠一层绝缘胶带，要求不紧不松，厚度与原绝缘一样	一项不合格，扣 5 分	10	
时间	180min	超过 1min，扣 1 分	10	

模块三
室内低压照明电路安装知识

学习目标：

· 了解室内照明电气元件的种类、规格等。

· 掌握室内照明电气元件的安装要求及工艺。

· 掌握室内照明电路明装和暗装的安装流程以操作技能。

知识点一　常用低压电气照明设备介绍

一、家庭户内配电箱

为了安全供电，每个家庭都要安装一个配电箱。楼宇住宅家庭通常有两个配电箱：一个是统一安装在楼层总配电间的配电箱，主要安装的是家庭的电能表和配电总开关；另一个则是安装在居室内的配电箱，主要安装的是分别控制房间各条线路的断路器，许多家庭在室内配电箱中还安装有一个总开关。

1. 家庭户内配电箱的结构

家庭户内配电箱担负着住宅内的供电与配电任务，并具有过载保护和漏电保护功能。配电箱内安装的电气设备可分为控制电路和保护电器两大类：控制电路是指各种配电开关；保护电器是指在电路某一电器发生故障时，能够自动切断供电电路的电器，从而防止出现严重后果。

家庭常用配电箱有金属外壳和塑料外壳两种，主要由箱体、盖板、上盖和装饰片等组成。对配电箱的制造材料要求较高，上盖应选用耐候阻燃 PS 塑料，盖板应选用透明 PM-MA，内盒一般选用 1.00mm 厚度的冷轧板并表面喷塑。配电箱的结构如图 3-1 所示。

家庭户内配电箱一般嵌装在墙体内，外面仅可见其面板。户内配电箱一般由电源总闸单元、漏电保护单元和回路控制单元这 3 个功能单元构成。

（1）电源总闸单元。一般位于配电箱的最左边，采用电源总闸（隔离开关）作为控制元件，控制着入户总电源。拉下电源总闸，即可同时切断入户的交流 220V 电源的相线和零线。

（2）漏电保护单元。一般设置在电源总闸的右边，采用漏电断路器（漏电保护器）作为控制与保护元件。漏电断路的开关扳手平时朝上，处于"合"位置；在漏电断路器面板上有一试验按钮，供平时检验漏电断路器用。当户内线路或电器发生漏电，或有人触电时，漏电断路器会迅速动作切断电源（这时可见开关扳手已朝下，处于"分"位置）。

（3）回路控制单元。一般设置在配电箱的右边，采用断路器作为控制元件，将电源分为若干路向户内供电。例如，对于小户型住宅（一室一厅），可分为照明回路、插座回路和空调回路，各个回路单独设置各自的断路器和熔断器。

户内配电箱在电气上，电源总闸、漏电断路器、回路控制 3 个功能单元是按顺序连接的，即交流 220V 电源首先接入电源总闸，通过电源总闸后进入漏电断跨器，通过漏电断路器后分几个回路输出。

2. 户内配电箱的安装位置

家庭户内配电箱的安装可分为明装、暗装和半露式 3 种。明装通常采用悬挂式，可以用金属膨胀螺栓等将箱体固定在墙上；暗装为嵌入式，应随土建施工预埋，也可在土建施工时预留孔，然后采用预埋处理。

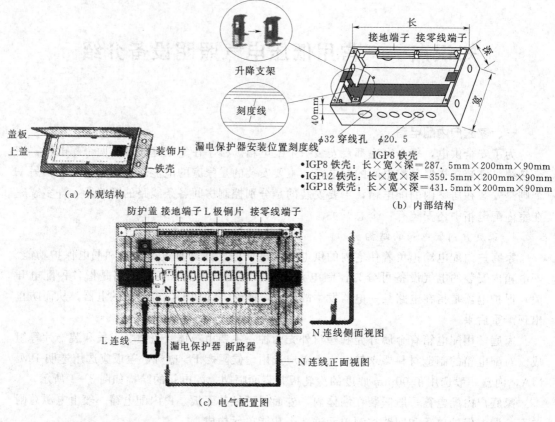

(a) 外观结构

(b) 内部结构

(c) 电气配置图

图 3-1 家用配电箱的结构

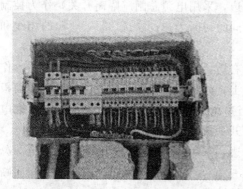

图 3-2 配电箱位置的确定位置

配电箱多位于门厅、玄关、餐厅或客厅，有时也会被装在走廊里。如果需要改变安装位置，则在墙上选定的位置上开一个孔洞，孔洞应比配电箱的长和宽各大 20mm 左右，预埋的深度为配电箱厚度加上洞内壁抹灰的厚度。在预埋配电箱时，箱体与墙之间填以混凝土即可把箱体固定住，如图 3-2 所示。

总之，户内配电箱应安装在干燥、通风部位，且无妨碍物，方便使用，绝不能将配电箱安装在箱体内，以防火灾。同时，配电箱不宜安装过高，一般安装标高为 1.8m，以便操作。

3. 户内配电箱安装要求

安装户内配电箱既要美观更要安全，具体要求如下：

（1）箱体必须完好无损。进配电箱的电线管必须用锁紧螺帽固定。

（2）配电箱埋入墙体应该垂直、水平。

（3）若配电箱需开孔，孔的边缘须平滑、光洁。

（4）箱体内接线汇流排应分别设立零线、保护接地线、相线，且要完好无损，具良好绝缘。

（5）配电箱内的接线应规则、整齐，端子螺钉必须紧固。

（6）各回路进线必须有足够长度，不得有接头。

（7）安装完成后必须清理配电箱内的残留物。

（8）配电箱安装后应表明各回路的使用名称。

4. 户内配电箱的接线要求

配电箱线路的排列情况是最能说明电工水准的重要参照，它好比电工本身的思路，思路清晰，线路也就清晰了。

（1）把配电箱的箱体在墙体内用水泥固定好，同时把从配电箱引出的管子预埋好，然后把导轨安装在配电箱底板上，将断路器按设计好的顺序卡在导轨上，各条支路的导线在管中穿好后，末端接在各个断路器的接线端。

（2）如果用的是单极断路器，只把相线接入断路器，在配电箱底板的两边各有一个铜接线端子排、一个与底板绝缘，是零线接线端子，进线的零线和各出线的零线都接在这个接线端子上；另一个与底板相连，是地线接线端子，进线的地线和各出线的地线都接在这个接线端子上。

（3）如果用的是两极断路器，把相线和零线都接入开关，在配电箱底板的边上只有一个铜接线端子排，是地线接线端子。

（4）接完线以后，装上前面板，再装上配电箱门，在前面板上贴上标签，写上每个断路器的功能。

二、电源插座

1. 电源插座的种类和选用

插座负责电器插头与电源的连接。家庭居室使用的插座均为单相插座。按照国家标准规定，单相插座可分为两孔插座和三孔插座，如图 3-3 所示。

单相插座常用的规格为：250V/10A 的普通照明插座；250V/16A 的空调、热水器用的三孔插座。

家庭常用的电源插座面板有 86 型、120型、118 型和 146 型。目前最常用的是 86 型插座，其面板尺寸为 86mm×86mm，安装孔中心距为 60.3mm。

根据组合方式，插座有单联插座和双联插座。单联插座有单联两孔、单联三孔；双

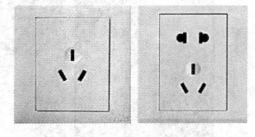

图 3-3 常用单相插座

联插座有双联两孔、双联三孔。这些插座的商品名为单相两孔、单相三孔、单相五孔插座。此外，还有带指示灯插座和带开关插座等，如图 3-4（a）所示。

插座根据控制形式可以分为无开关、总开关、多开关 3 种类别。一般建议选用多开关的电源插座，一个开关按钮控制一个电源插头，除了安全之外，也能控制待机耗电以便节

（a）带指示灯插座　　　　　　　（b）地面插座

图 3-4　插座

约能源，多用于常用电器处，如洗衣机等。

　　电源插座根据安装形式可以分为墙壁插座、地面插座［图 3-4（b）］两种类型。墙壁插座可分为三孔、四孔、五孔等，一般来讲，住宅的每个主要墙面至少各有一个五孔插座，电器设置集中的地方应该至少安装两个五孔插座。如果要使用空调或其他大功率电器，一定要使用带开关的 16A 插座。地面插座可分为开启式、跳起式、螺旋式等类型。还有一类地面插座，不用的时候可以隐藏在地面以下，使用的时候可以翻开来。

　　儿童房安装在电源插座，一定要选用带有保护门的安全插座，因为这种插座孔内有绝缘片，在使用插座时，插头要从插孔斜上方向下撬动挡板再向内插入，可防止儿童触电。

　　一般插座称为普通插座，无防水功能。由于厨房和卫生间内经常会有水和油烟，一定要选择防水的插座，防止发生用电事故，在插座面板上最好安装防水盒或塑料挡板，能有效防止因油污、水汽侵入引起短路，如图 3-5 所示。防溅水型插座是在插座外加装防水盖，安装时要用插座面板把防水盖和防水胶圈压住。不插插头时防水盖把插座面板盖住，插上插头时防水盖盖在插头上方。

图 3-5　防溅水型插座安装示例

　　值得注意的是，目前各国插座的标准有所不同，如图 3-6 所示。选用插座时一定要看清楚；否则与家庭所用电器的插头不匹配，安装的插座就成了摆设。

　　2. 插座的安装位置要求

　　电源插座的安装位置必须符合安全用电的规定，同时要考虑将来用电器的安放位置和

图 3-6 各国插座的标准

家具的摆放位置。为了使插头插拔方便，室内插座的安装高度为 0.3~1.8m。安装高度为 0.3m 的称为低位插座，安装高度为 1.8m 的称为高位插座。按使用需要，插座可以安装在设计要求的任何高度。

（1）厨房插座可装在橱柜以上吊柜以下，为 0.85~1.4m，一般的安装高度为 1.2m 左右。抽油烟机插座应当根据橱柜设计，安装在距地高度 1.8m 处，最好能被排烟管道所遮蔽。近灶台上方处不得安装插座。

（2）洗衣机插座距地面 1.2~1.5m 之间，最好选择带开关的三孔插座。

（3）电冰箱插座距地面 0.3m 或 1.5m（根据冰箱位置而定），且宜选择单三孔插座。

（4）分体式、壁挂式空调插座宜根据出线管预留洞位置距地面 1.8m 处设置；窗式空调插座可在窗口旁距地面 1.4m 处设置；柜式空调器电源插座宜在相应位置距地面 0.3m 处设置。

（5）电热水器插座应在热水器右侧距地面 1.4~1.5m，注意不要将插座设在电热水器上方。

（6）厨房、卫生间的插座安装应当尽可能远离用水区域。如靠近，应加配插座防溅盒。台盆镜旁可设置电吹风和剃须用电源插座，离地 1.5~1.6m 为宜。

（7）露台插座距地应当在 1.4m 以上，且尽可能避开阳光、雨水所及范围。

（8）客厅、卧室的插座应根据家具（如沙发、电视柜、床）的尺寸来确定。一般来说，每个墙面的两个插座间距离应当不大于 2.5m，在墙角 0.6m 范围内，至少安装一个备用插座。

3. 电源插座接线规定

（1）单相两孔插座有横装和竖装两种。横装时，面对插座的右极接相线（L），左极接零线（中性线 N），即"左零右相"；竖装时，面对插座的上极接相线，下极接中性线，即"上相下零"。

（2）单相三孔插座接线时，保护接地线（PE）应接在上方，下方的右极接相线，左极接中性线，即"左零右相中 PE"。单相插座的接线方法如图 3-7 所示。

4. 插头

家用电器常用的插头有二脚插头和三脚插头；三脚插头有 10A 和 16A 之分，洗衣机、音响等一般电器使用 10A 插头，空调等大功率电器使用 16A 插头。

（1）二脚插头的安装。将两根导线端部的绝缘层剥去，在导线端部附近打一个电工扣；拆开端头盖，注意螺钉、螺母不要丢失；将剥好的多股线芯拧成一股，固定在接线端子上。注意多余的线头要剪去，不要露铜丝毛刺，以免短路。盖好插头盖，拧上螺钉即可。其安装如图 3-8 所示。

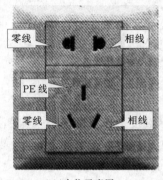
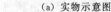
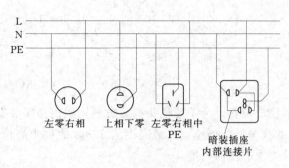

（a）实物示意图 （b）接线原理

图 3-7 单相插座的接线方法

（2）三脚插头的安装。三脚插头的安装与两脚插头的安装类似，不同的是导线一般选用三芯护套软线。其中一根带有黄绿双色（或黑色）绝缘层的芯线接地线。其余两根中一根接零线，另一根接火线，如图 3-9 所示。

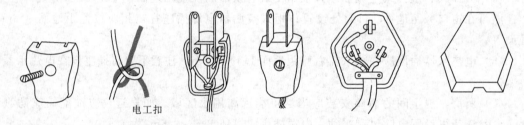

图 3-8 二脚插头安装 图 3-9 三脚插头安装

三、普通照明开关

1. 普通照明开关的种类

照明开关是用来接通和断开照明线路电源的一种低压电器。开关、插座不仅是一种家居装饰功能用品，更是照明用电安全的主要零部件，其产品质量、性能材质对于预防火灾、降低损耗都有至关重要的作用。

（1）按面板型分，有 86 型、120 型、118 型、146 型和 75 型，目前家庭装饰应用最多的有 86 型和 118 型，如图 3-10 所示。

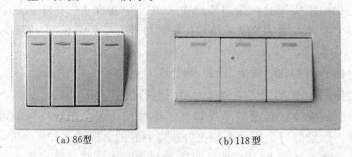

（a）86型 （b）118型

图 3-10 86 型和 118 型开关板

（2）按开关连接方式分，有单极开关、两极开关、三极开关、三极加中线开关、有公共进入线的双路开关、有一个断开位置的双路开关、两极双路开关、双路换向开关（或中向开关）。

（3）按开关触头的断开情况分，有正常间隙结构开关，其触头分断间隙不小于 3mm；小间隙结构开关，其触头分断间隙小于 3mm 但须大于 1.2mm。

（4）按启动方式分，有旋转开关、跷板开关、按钮开关、声控开关、触屏开关、倒板开关及拉线开关。部分开关的外形如图 3-11 所示。

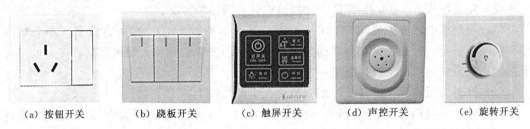

（a）按钮开关　　（b）跷板开关　　（c）触屏开关　　（d）声控开关　　（e）旋转开关

图 3-11　部分开关的外形

（5）按有害进水的防护等级分，有普通防护等级 IPX0 或 IPX1 的开关（插座）、防溅型防护等级 IPX4 开关（插座）、防喷型防护等级 IPXe 开关（插座）。

（6）按接线端子分，有螺钉外露和不外露两种，选择螺钉不外露的开关更安全。

（7）按安装方式分，有明装式开关和暗装式开关。

现代家庭装饰时，拉线开关仅仅局限于卫生间和厨房中使用，其目的是确保湿手操作开关时的安全性。拉线开关的拉线，在开关内直接与相线接触，因此拉线的抗潮性和绝缘性要好，现在普遍采用尼龙绳拉线，如图 3-12 所示。由于拉线开关影响美观、维修不方便等原因，因此社会需求量逐年减少，目前在潮湿场所一般已经被防水开关代替。

图 3-12　拉线开关

安装拉线开关时，应先在绝缘的方（或圆）木台钻两个孔，穿进导线后，用一只木螺钉固定在支承点上，然后拧下拉线开关盖，把两根导线头分别穿入开关底座的两个穿线孔内，用两根直径不大于 20mm 的木螺钉将开关底座固定在绝缘木台（或塑料台）上，把导线分别接到接线桩上，然后拧上开关盖。明装拉线开关拉线口应垂直向下，避免拉线和开关底座发生摩擦，防止拉线磨损断裂。

2. 照明开关的选用

（1）开关面板的尺寸应与预埋的开关接线盒的尺寸一致。

（2）一般进门开关建议使用带提示灯，为夜间使用提供方便。

（3）安装于卫生间的照明开关宜与排气扇共用，采用双联防溅带指示灯型，开关装于卫生间门外则先带指示灯型；过道及起居室的部分开关应选用带指示灯型的两地双控开关。

（4）楼梯间开关用节能延时开关，其种类较多，通过几年的使用，已不宜用声控开关，因为不管在室内还是室外，有声音达到其动作值时，开关动作，灯亮，而这时楼梯间无人，不需灯亮。

3. 照明开关的安装要求

（1）安装前应检查开关规格型号是否符合设计要求，并有产品合格证，同时检查开关操作是否灵活。

（2）用万用表 $R\times100$ 挡或 $R\times10$ 挡检查开关的通断情况。

（3）用绝缘电阻表摇测开关的绝缘电阻，要求不小于 $2M\Omega$。摇测方法是一条测试线夹在接线端子上，另一条夹在塑料面板上。由于室内安装的开关、插座数量较多，电工可采用抽查的方式对产品绝缘性能进行检查。

（4）开关切断相线，即开关一定要串接在电源相线上。

（5）同一室内的开关高度误差不能超过 5mm，并排安装的开关高度误差不能超过 2mm，开关面板的垂直允许偏差不能超过 0.5mm。

（6）开关必须安装牢固。面板应平整，暗装开关的面板应紧贴墙壁，且不得倾斜，相邻开关的间距及高度应保持一致。

图 3-13　人体感应开关

4. 人体感应开关

人体感应开关是一种内无接触点，采用线外线技术，依靠人体发出的微量红外线热量来实现对用电源自动控制的节能电子开关，如图 3-13 所示。

（1）人体感应开关的特点及功能。

1）全自动感应，人来时则打开，人离则关闭。开关搜索到人体的感应范围内活动时就会自动接通，人不离开且在活动开关将持续接通，人离开后再自动延时关闭。

2）自动测光，采用光敏控制，白天或光线强时光敏控制感应将不启动负载。

3）自动随机延时，开关在检测到人体的每一次活动后自动顺延增加一个延时段，并且以最后一次活动的时间为起始时间的起始点。

4）延时用电器使用寿命，开关控制采用无触点电子开关，可消除浪冲电流及火花，延长负载使用寿命。

（2）全自动人体红外线感应开关安装调试。

1）因开关左右两侧比上下两侧的感应范围大，所以安装开关时，应使其正轴线与人的行走通道方向尽量垂直，这样可以达到最佳感应效果。

2）安装好开关后加电，当环境光线充足时，灯泡将会闪 3 次，1min 后初始化结束，开关进入监控状态，用物体遮住环境光线使开关感应工作，人不离开且在活动，开关将持续工作；人离开后，开关自动延时关闭负载。

3）安装好开关后加电，当环境光线不足时，开关直接进入监控状态，人不离开且在活动，开关将持续工作。

（3）注意事项。

1）安装时请勿带电操作，等安装好后再加电。

2）请勿超功率范围使用。

3）本开关适用于室内环境，请勿安装在室外恶劣环境下。

5. 触摸延时开关

触摸延时开关在使用时，只要用手指摸一下触摸电极，灯就点亮，延时若干分钟后会自动熄灭。两线制可以直接取代普通开关，不必改室内布线，如图 3-14 所示。

图 3-14　触摸延时开关

触摸延时开关功能特点如下：

（1）使用时只需触摸开关的金属片即导通工作，延长一段时间后开关自动关闭。

（2）应用控制，开关自动检测对地绝缘电阻，控制更可靠，无误动作。

（3）无触点电子开关，延长负载使用寿命。

（4）触摸金属片地极零线电压小于 36V 的人体安全电压，使用对人体无害。

（5）独特的两制设计，直接代替开关使用，可带动各类负载。

6. 声控开关

声控开关是一种内无接触点，在特定环境光线下采用声响效果激发拾音器进行声电转换控制用电器的开启，并经过延时后能自动断开电源的节能电子开关。现在居民住宅楼的楼梯走道大部分都安装声控开关，利用晚间人们的脚步声、说话声去点亮楼梯内的照明灯，延长一段时间后开关自动关闭，为人们提供照明方便，如图 3-11 所示。

声光控延时开关特点及功能如下：

（1）发声启控，在开关附近用手一拍而发出一定声响，就能立即开启灯光及使用电器。

（2）自动测光，采用光敏控制，该开关在白天或光线强时不会因声响而开启用电器。

（3）延时自关，开关一旦受控开启便会延时数十秒，减少不必要的电能浪费，实用方便。

（4）延长用电器使用寿命，开关控制回路采用无接触触点，可消除浪冲电流及火花。

（5）工作参数，电压为 110～250V，功率为 25～200W。

7. 光控开关

光控开关是一种无内接触点，带自动检测光度（光度可调）光控开关，采用光线的强弱来实现对用电器电源自动控制的节能电子开关。

光控开关的特点及功能如下：

（1）自动测光，采用光敏控制，白天或光线不强时不感应。

（2）延长用电器使用寿命，本开关控制回路采用进口优质电子元件，无接触触点，可消除浪冲电流及火花。

（3）工作参数，电压为 110～250V，功率为 25～200W。

8. 照明开关安装位置的选择

（1）若无特殊要求，在同一套房内，开关离地 1200～1500mm 之间，距门边 150～200mm 处，与插座同排相邻安装应在同一水平线上，并且不被推拉门、家具等物遮挡。

（2）进门开关位置的选择。一般人都习惯于用与开门方向相反的一只手操作开启关闭，而且用右手多于用左手。所以，一般家里的开关多数装在进门的左侧，这样方便进门后用右手开启，符合行为逻辑。采用这种设计时，与开关相邻的进房门的开启方向是右边。

（3）厨房、卫生间的开关宜安装在门外开门侧的墙上。镜前灯、浴霸宜选用防水开关，设在卫生间内。

（4）为使生活舒适方便，客厅、卧室应采用双控开关。卧室的一个双控开关安装在进门的墙上，另一个双控开关安装在床头柜上侧或床边较易操作部位。比较大的客厅两侧，可各安装一个双控开关。

（5）厨房安装带开关的电源插座，以便及时控制电源通、断。

（6）梳妆台应加装一个开关。

（7）阳台开关应设在室内侧，不应安装在阳台内。

（8）餐厅的开关一般应选在门内侧。

（9）客厅的单头或吸顶灯，可采用单联开关；多头吊灯，可在吊灯上安装灯光分控器，根据需要调节高度。

（10）书房照明灯光若为多头灯，应增加分控器，开关可安装在书房门内侧。

（11）开关安装的位置应便于操作，不要放在门背后等距离狭小的地方。

四、灯具

家庭生活中比较常见的电光源有白炽灯、自镇流荧光高压汞灯、荧光灯和 LED 灯等。这些灯在使用上各有利弊。

1. 白炽灯

白炽灯是目前最常用的一种电光源，它是用钨丝做成灯丝，具有造价低、电路简单、安装方便的特点，因此得到广泛应用。

图 3-15 白炽灯灯泡

白炽灯分真空泡和充气泡两种。真空泡就是把玻璃泡内空气抽去，使灯丝不会迅速烧坏。钨丝在真空电灯泡中可以热到 2200℃，寿命可达 1000h。若玻璃泡中充了惰性气体，如氮或氩，则更可减少白热丝的损坏，这种灯泡叫做充气泡。充气泡中的灯丝温度高达 2800℃。目前充气灯泡应用很普遍。常用白炽灯灯泡如图 3 -15 所示。

白炽灯灯泡可分为普通照明灯灯泡、低压照明灯灯泡和经济灯灯泡等几种，普通照明灯灯泡作为一般照明用，制有玻璃透明灯泡和磨砂灯泡两种，灯头有卡口式和螺旋式两种。

（1）白炽灯的规格。

额定电压：24V、110V、220V。

额定功率：25W、40W、60W、100W、500W、1000W 等。

（2）使用白炽灯的注意事项。

1）白炽灯的额定电压要与电源电压相符。

2）使用螺口灯泡要把火线接到灯座中心触点上。

3）白炽灯安装在露天场所时要用防水灯座和灯罩。

4）普通白炽灯灯泡要防潮、防震。

2. 自镇流荧光高压汞灯

自镇流荧光高压汞灯是一种气体放电灯，灯泡内的限流钨丝和石英弧管相串联。限流钨丝不仅能起到镇流作用，而且有一定的光输出，因此，它具有可省去外接镇流器、光色好、启动快、使用方便等优点，适用于工厂的车间、城乡的街道、农村的场院等场所的照明。灯泡的外形如图 3-16 所示。使用荧光高压汞灯的注意事项如下：

（1）自镇流荧光高压汞灯的启燃电流较大，这就要求电源线的额定电流与熔丝与灯泡功率配套。电线接点要接触牢靠，以免松动而造成灯泡起跳困难或自动熄灭。

（2）灯泡采用的是螺旋式灯头，安装灯泡时不要用力过猛，以防损坏灯泡。维修灯泡时，应断开电源，并在灯泡冷却后方可进行。

（3）灯泡的火线应通入螺口灯头的舌头触点上，以防触电。

（4）电源电压不应波动太大，超过±5%额定电压时，可能引起灯泡自动熄灭。

（5）灯泡在点燃中突然断电，如再通电点燃，灯泡需待 10～15min 后自行点燃，这是正常现象。如果电源电压正常，又无线路接触不良，灯泡仍有熄灭和自行点燃现象反复出现，说明灯泡需要更换。

（6）灯泡启辉后 4～8min 才能正常发光。

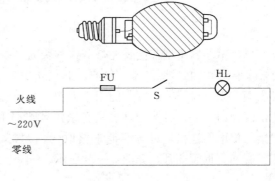

图 3-16　灯泡的外形

3. 荧光灯

主要用放电产生的紫外辐射激发荧光粉而发光的放电灯称为荧光灯，荧光灯分传统型荧光灯和无极荧光灯。

传统型荧光灯即低压汞灯，是利用低气压的汞蒸气在放电过程中辐射紫外线，从而使荧光粉发出可见光，因此它属于低气压弧光放电光源。

无极荧光灯即无极灯，这取消了对传统荧光灯的灯丝和电极，利用电磁耦合的原理，使用汞原子从原始状态激发成激发状态，其发光原理和传统型荧光灯相似，是现今新型的节能光源，具有寿命长、光效高、显色性好等优点。

日前家庭常见的荧光灯有以下几种类型：

（1）直管形荧光灯。这种荧光灯属双端荧光灯。常见标称功率有 4W、6W、8W、

12W、15W、20W、30W、36W 和 40W。管径型号有 T5、T8、T10 和 T12，灯座型号有 G5 和 G13。目前较多采用 T5 或 T8。为了方便安装、降低成本和安全起见，许多直管形荧光灯和镇流器都安装在支架内，构所自镇流型荧光灯，如图 3-17 所示。

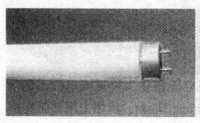

图 3-17　直管形荧光灯

（2）环形荧光灯。其有粗管和细管之分，粗管直径大约为 30mm，细管直径大约为 16mm，有使用电感镇流器和电子镇流器两种。从颜色上分，环形荧光灯色调有暖色和冷色，暖色比较柔和，冷色比较偏白。环形荧光灯用于室内照明，是绿色照明工程推广的主要照明产品之一，主要用于吸顶灯、吊灯等作为配套光源使用，如图 3-18 所示。

图 3-18　环形荧光灯

（3）单端紧凑型节能荧光灯。这种荧光灯的灯管、镇流器和灯头紧密地连成一体（镇流器放在灯头内），除了破坏性打击，无法拆卸它们，故被称为"紧凑型"荧光灯。单端紧凑型荧光灯属于节能灯，能用于大部分家居灯具里，由于无需外加镇流器，驱动电路也在镇流器内，故这种荧光灯也是自镇流荧光灯和内启动荧光灯。整个灯通过 E27 等灯头直接与供电网连接，可方便地直接取代白炽灯。节能灯因灯管外形不同，分为 U 形管、螺旋管和直形管 3 种，如图 3-19 所示。

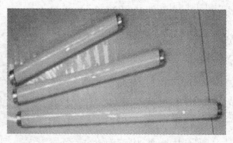

（a）U 形管　　　　　　（b）螺旋管　　　　　　（c）直形管

图 3-19　节能灯

单端紧凑型节能荧光灯的寿命比较长，一般是 8000～10000h。节能灯的显色指数为

80 左右，部分产品可达到 85 以上，节能灯的色温在 2700～6500K 之间。节能灯有黄光和白光两种颜色供选择。品质高的节能灯会使用真正的三基色稀土荧光粉，在确保长寿命的同时，还能保持较高亮度。正常使用节能灯一段时间后，灯就会变暗，主要因为荧光粉的损耗，技术上称为光衰。

（4）日光灯（直管荧光灯）的构成。日光灯具有发光效率高、寿命长、光色柔和等优点，广泛用于办公室和家庭。它的外形及接法方法如图 3-20 所示。

1）日光灯的工作原理。当开关接通电源后，灯管尚未放电，电源电压通过灯丝全部加在启辉器内两个触片之间，使氖气管中产生辉光放电，双金属片受热弯曲，使两触片接通，于是电流通过镇流器和灯管两端的灯丝，使灯丝加热并发射电子。此时由于氖管被双金属片短路停止辉光放电，双金属触片也因温度下降而分开。在断开瞬间，镇流器产生相当高的自感电动势，它和电源

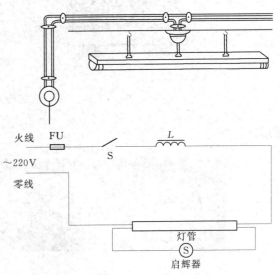

图 3-20　日光灯外形及接线方法

电压串联后加在灯管两端，引起弧光放电，使日光灯点亮发光。

2）使用、安装、维修时的注意事项。

a. 日光灯要按接线图正确安装连接，才能使它正常工作。

b. 使用各种不同规格的日光灯灯管时，要与镇流器的功率配套使用，还要与启辉器的功率配套使用，不能在不同的功率下互相混用。

c. 环形日光灯灯头不能扭转；否则会引起灯丝短路。

3）元件及其作用。

a. 启辉器。启辉器又称日光灯继电器，它是与日光灯配套使用的电气元件，其结构如图 3-21 所示。在充有氖气的玻璃泡内，装有由双金属片和静触片组成的两个触点，外边并联着一只小电容，与氖泡一起组装在铝壳或塑料壳内。在日光灯启动过程中，启辉器起着自动接通某段线路或自动断开某段线路的作用，实际上是一个自动开关。日光灯进入正常工作状态后，启辉器即停止工作。使用启辉器时的注意事项为：①启辉器要与日光灯功率配套使用；②安装启辉器时，注意使启辉器与启辉器座的接触良好；③启辉器如果出现短路，会使日光灯产生两头发光中间不亮的异常状态，这时需要更换启辉器；④启辉器损坏断路会使日光灯不能启辉，这时需要更换启辉器。

b. 镇流器。镇流器又称限流器，主要由铁芯和电感线圈组成，外引两根引线，外形、内部结构及电路符号如图 3-22 所示。镇流器的作用是当启辉器的动、静触片由接通到分离时，使镇流器两端产生瞬时高压，从而促使日光灯点亮。当日光灯亮后，灯管内的气体被电离，电阻减少，灯管电流要增大，这时镇流器起限流的作用。镇流器要与灯管配套

图 3-21 启辉器外形及结构

使用。

图 3-22 镇流器外形

使用日光灯镇流器时，应注意以下几点：①镇流器的安装应考虑它的散热问题，以防运行中温度上升过高，缩短寿命；②镇流器发生严重短路时，会使日光灯在点燃的瞬间突然烧坏灯管，这时必须更换日光灯镇流器；③镇流器发生断路时，日光灯不能点燃，也需及时更换。

c.日光灯电容器。日光灯电容器是用来补偿日光灯镇流器所需要的无功功率的。由于日光灯镇流器是电感元件，需要供给无功功率，引起功率因数降低。为了改善功率因数，需加电容器进行补偿。电容器的外形与接线如图 3-23 所示。

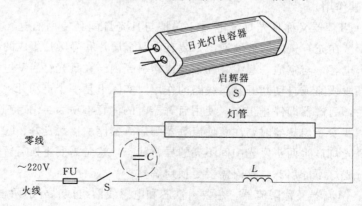

图 3-23 日光灯电容器外形与接线

电容器两端接线柱内部，实际上是两个金属极板，它能在交流电通过时周期性地充电和放电，在放电时所输出的无功功率正好用来补偿镇流器所需的无功功率。一般日光灯功率在 $15\sim20W$ 时，选配电容容量为 $2.5\mu F$；用 $30W$ 日光灯时，可选用 $3.7\mu F$；用 $40W$ 日光灯时，可选用 $47\mu F$。日光灯电容器的耐压均为 $400V$。

使用日光灯电容器时应注意以下几点：①使用日光灯电容器之前，首先要检查它的容量是否与灯管配套，耐压是否符合要求，有无漏电现象，如发现电容器漏电，则需更换；②日光灯电容器应正确接入线路，并使电容器外壳与日光灯加绝缘，以防电容器损坏时，灯架外壳带电。

d. 灯座。灯管两侧各有一个灯座，各个灯座上有两个接线柱，分别把灯管的灯脚引出。灯座分弹簧式（也称插入式）和开启式两种，外形如图 3-24 所示。

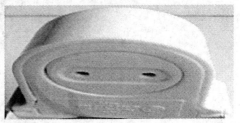

图 3-24　日光灯灯座外形

4. LED 灯

LED（Light Emitting Diode 发光二极管）是一种能够将电能转化为可见光的固态的半导体器件，它可以直接把电能转化为光，习惯上用英文首写字母 LED 来表示。

LED 是继火、白炽灯、荧光灯后人类照明的第四次革命，与前 3 次有本质区别的是，LED 依靠电流通过固体直接辐射光子发光，发光效率是白炽灯的 10 倍，是荧光灯的 2 倍。同时其理论寿命长达 100000h，防震、安全性好，不易破碎，非常环保。

由于 LED 可以实现几百种甚至上千种颜色的变化。在现阶段讲究个性化的时代里，LED 颜色多样化有助于 LED 装饰灯市场的发展。LED 可以做成小型装饰灯、礼品灯以及一些发光饰品应用在酒店、音乐酒吧、居室中。

LED 室内装饰及照明的灯具主要有 LED 点光源、LED 玻璃线条灯、LED 球泡灯、LED 灯串、LED 洗墙灯、LED 地砖、LED 墙砖、LED 日光灯、LED 大功率吸顶盘等，如图 3-25 所示。

近年来，LED 在家庭新居装饰中应用正在逐渐流行。随着照明灯饰的发展，传统的灯具已经无法满足现在家庭照明的需要，家庭灯具不仅限于用来照明了，从以前一个房间安装一个灯泡，到现在装饰安装的各种各样的灯具已经发生了超越时代的变化。从传统的白炽灯泡、日光灯，到现在的吊灯、水晶灯、筒灯、射灯等各种灯具，现在的灯具不完全是用来照明，还有一个作用就是艺术照明和装饰照明。灯具不但能起到照明效果，而且更多地体现了艺术氛围，灯光在夜间也是一种装饰和调节气氛的工具。

5. 灯头和灯座

灯头是保持灯的位置和使灯与灯座相连的器件。普通灯头的外形采用圆形式设计，适用于多种灯泡，常用灯头的种类及外形如图 3-26 所示。

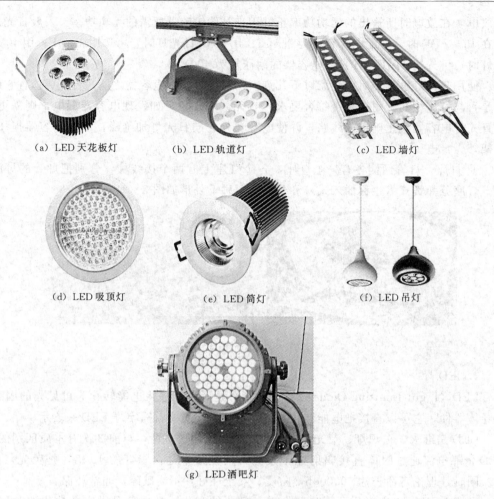

(a) LED 天花板灯　　　(b) LED 轨道灯　　　(c) LED 墙灯

(d) LED 吸顶灯　　　(e) LED 筒灯　　　(f) LED 吊灯

(g) LED 酒吧灯

图 3 - 25　LED 室内装饰灯

灯座有两个作用：一是固定灯泡；二是与灯头保持良好接触，把电能传递给灯泡。灯座必须与灯泡的灯头配套使用才能发挥作用。

室内照明灯座的种类比较多，下面介绍几种常用的分类方法：

(1) 从安装方式分，有卡口式（B系列）、螺旋式（E系列）、插入式（G系列）等方式，如图 3 - 27 所示。

B 系列灯座的灯头与灯泡结合方式为卡口式，B 后面数字表示螺壳卡口的内径。例如，B22 表示该灯头为卡口式，螺壳卡口内径为 22mm。这类型灯座多用于英国等英联邦国家或地区市场。我国前些年白炽灯泡常用这种灯座，近年内室内装修很少用 B 系列灯座。

E 系列灯座的灯头与灯泡结合方式为螺旋式，E 后面的数字为螺壳螺纹的内径。例如，通常用的灯座 E27 表示该灯头为螺旋式，螺壳螺纹内径为 27mm。比较常用的 E 系列灯座还有 E12、E14、E17 和 E26 等。这类型灯座在室内装修时使用最普遍，如节能灯的灯座就是 E 系列灯座。

图 3 - 26　常用灯头的种类及外形

（a）插口式（B系列）

（b）螺旋式（E系列）

（c）插入式（G系列）

图 3 - 27　灯座的安装方式

　　G 系列灯座的灯头与灯泡结合方式为插入式，G 后面的数字表示灯泡的两插脚之间的中心距离。例如，G9 表示该灯头为插入式，两插脚中心距离为 9mm。

　　配合传统日光灯和新型 LED 日光灯的灯座通常有 T8、T5、T4 灯座等，如图 3-28 所示。

图 3-28　日光灯灯座（T 系列）

　　（2）灯座从制造材料分，有电木、金属、陶瓷等材料，如图 3-29 所示。

（a）电木　　　　　　　　　　（b）金属　　　　　　　　　　（c）陶瓷

图 3-29　常用灯座的材料

　　（3）灯座按照功能分，有光身（平面）灯头座和外环灯座，如图 3-30 所示。外形灯座又可分为全外环灯座和半外环灯座。

（a）光身灯座　　　　　　（b）全外环灯座　　　　　　（c）半外环灯座

图 3-30　灯座按照功能分类

　　（4）按照灯座的接线方式，可分为铆接式（直接将电线铆合在灯头上）、锁式（利用灯头两极的螺钉锁住电线）、插入式（利用电线沾锡或打包线端子插入灯头两极），如图 3-31 所示。

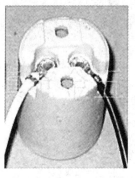
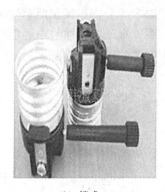

（a）铆接式　　　　　　　　（b）锁式　　　　　　　　（c）插入式

图 3-31　按灯座的接线方式分类

（5）根据灯座能够连接的灯泡个数，可分为单灯式（单独一个灯头）、双灯式（两个灯头设计制作在一起，一般有背开式和对开式两种形式）、三灯式（3 个灯头设计制作在一起），如图 3-32 所示。

（a）双灯背开式　　　　　（b）双灯对开式　　　　　（c）三灯式

图 3-32　双灯式和三灯式灯座

灯座电极的极性，根据灯座构造不同，灯座电极的极性也不同。

E 类螺旋式灯座有相线电极为灯座底部的舌片（中心电极）、零线电极为旁侧弹片或灯座内金属螺壳。

B 类卡口式灯座无极性区分，接线时相线、零线可与任何一个电极连接。

6. 灯头安装

（1）吊灯头的安装。把螺口灯头的胶木盖子卸下，将软吊灯线下端穿过灯头盖孔，在离导线下端约 30mm 处打一个电工扣，如图 3-33 所示。

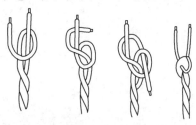

图 3-33　电工扣制作

把去除绝缘层的两根导线下端芯线分别压接在两个灯头接线端子上。

旋上灯头盖，如果是螺口灯头，火线应接在与中心铜片相连的接线桩上，零线应接在与螺口相连的接线桩上，吊灯头安装如图 3-34 所示。

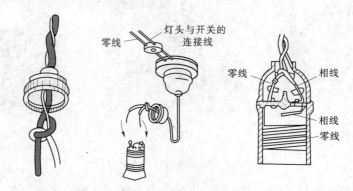

图 3-34　吊灯头的安装

（2）平灯头的安装。平灯头的安装不需要用软吊线，由穿出的电源线直接与平灯座两接线桩相连，其安装方法与吊灯头的安装大体相同，如图 3-35 所示。

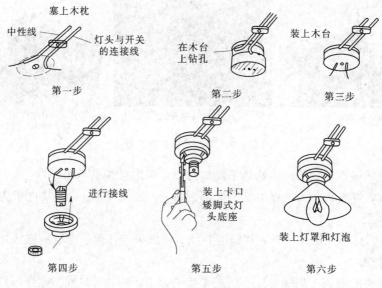

图 3-35　平灯头的安装

知识点二　低压照明电路安装技能

一、胀管

胀管由塑料制成，又称塑料榫，如图 3-36 所示，通常用于承受较大而难以安装木榫的建筑面上，如空心楼板和现浇混凝土板、壁、梁及柱等处。

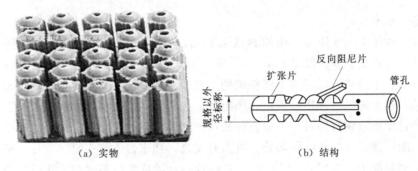

（a）实物　　　　　　　　　　（b）结构

图 3-36　胀管

当胀管孔内拧入木螺钉，两扩张片向壁孔张开，就紧紧地胀住孔内，以此来支撑装在上边的电气装置或设备。如果胀孔规格与榫孔大小不匹配（孔大管小），或木螺钉规格与胀管孔直径不匹配（孔大木螺钉小），则胀管在孔内就难以胀牢。胀管的规格有 6mm、8mm、10mm 和 12mm 等多种。孔径应略大于胀管规格，凡小于 10mm 胀管的孔径应该比胀管大 0.5mm，如 8mm 的胀管孔径为 8.5mm。凡不小于 10mm 的胀管，孔径比胀管大 1mm，如 12mm 胀管的孔径为 13mm。6mm 的胀管可选用 3.5mm 或 4mm 的木螺钉，8mm 的胀管可选用 4mm 或 5.5mm 的木螺钉，12mm 的胀管可选用 5.5mm 或 6mm 的木螺钉，胀管的规格、孔径、木螺钉的选配见表 3-1。

表 3-1　　　　　　　　　　胀管的规格、孔径、木螺钉的选配　　　　　　　　　单位：mm

胀管的规格	孔径	选用木螺钉	胀管的规格	孔径	选用木螺钉
6	6.5	3.5 或 4	10	11	5.5
8	8.5	4 或 5.5	12	13	5.5 或 6

安装时，根据施工要求，先定位画线，然后用冲击钻根据榫体的直径在现场就地打孔。打孔不宜用錾子凿孔，以免保榫孔过大或不规则，影响安装质量。清除孔内灰渣后，将胀管塞入，要求管尾与建筑面保持齐平，必须经过塞入、试敲纠直和敲入 3 个步骤。安装质量要求是，管体应与建筑面保持垂直，管尾不应凹入建筑面，不应凸出建筑面，不应出现孔大管小和孔小管大，如图 3-37 所示，最后把要安装设备上的固定孔与胀管孔对准，放好垫圈，旋入木螺钉。

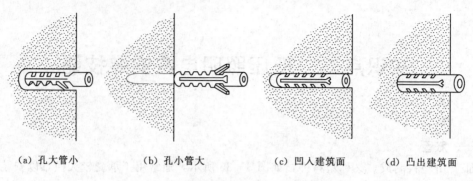

（a）孔大管小　　（b）孔小管大　　（c）凹入建筑面　　（d）凸出建筑面

图3-37 胀管的安装不合格示例

二、塑料线卡

塑料线卡如图3-38所示，由塑料线卡和固定钢钉组成，图3-38（a）所示为单线卡，用于固定单根护套线；图3-38（b）所示为双线卡，用于固定两根护套线。线卡的槽口宽度具有若干规格，以适用不同粗细的护套线。敷设时，首先将护套线按要求放置到位，然后从一端起向另一端逐渐固定。固定时，按图3-39所示将塑料线卡卡在需固定的护套线上，钉牢固定钢钉即可。一般直线段可每间隔20cm左右固定一个塑料线卡，并保持各线卡间距一致。在护套线转角处、进入开关盒、插座盒或灯头时，应在相距5～10cm处固定一个塑料线卡，如图3-40所示。走线应尽量沿墙角、墙壁与天花板夹角、墙壁与壁橱夹角敷设，并尽可能避免重叠交叉，既美观也便于日后维修，如图3-41所示。如果走线必须交叉，则应按图3-42所示用线卡固定牢固。两根或两根以上护套线并行敷设时，可以用单线卡逐根固定，如图3-43（a）所示，也可用双线卡一并固定，如图3-43（b）所示。布线中如需穿越墙壁，应给护套线加套保护套管，如图3-44所示。保护套管可用硬塑料管，并将其内部打磨圆滑。

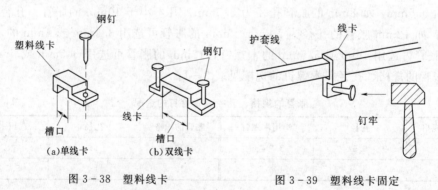

图3-38 塑料线卡　　　　　图3-39 塑料线卡固定

三、钢精扎头

钢精扎头由薄铝片冲轧制成，形状如图3-45所示。用钢精扎头固定护套线的方法与使用塑料线卡类似。需注意的地方如下：例如，应沿墙角或壁橱边沿敷设，直线段固定点的间距，护套线进入转角、开关盒或插座盒时的固定距离，交叉走线及并行走线的固定方法等，均与塑料线卡固定布线相同。与塑料线卡所不同的是，采用钢精扎头固定时应先将

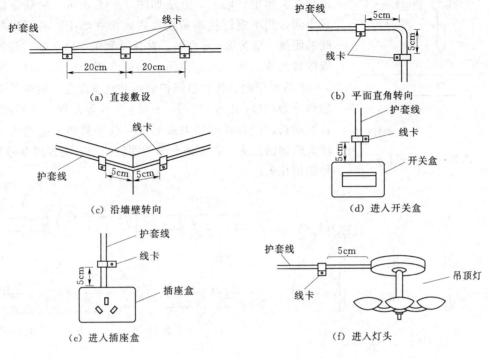

图 3-40 塑料线卡的固定尺寸

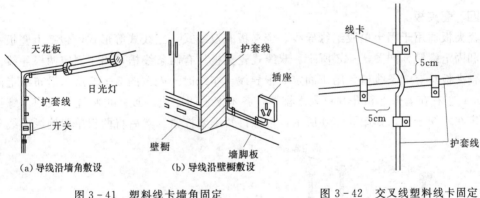

图 3-41 塑料线卡墙角固定

图 3-42 交叉线塑料线卡固定

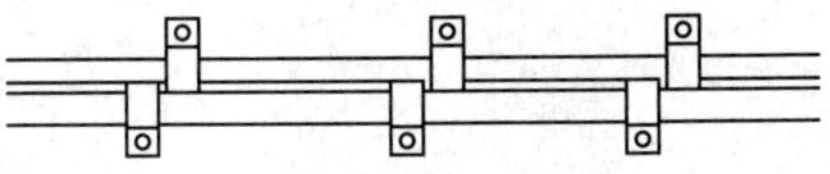

（a）单线卡固定

（b）双线卡固定

图 3-43 两根线的塑料线卡固定

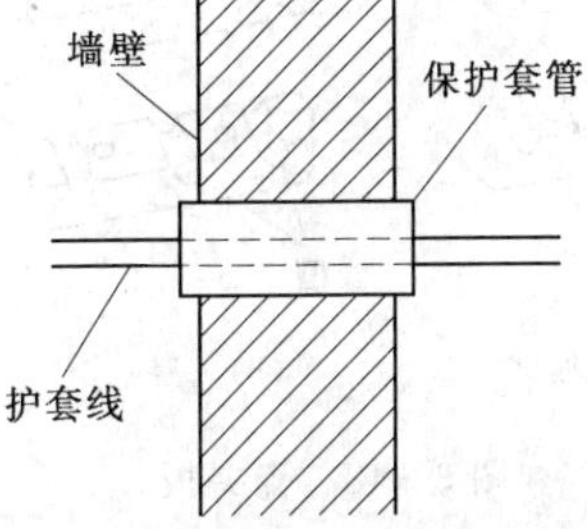

图 3-44 护套线加套保护套管

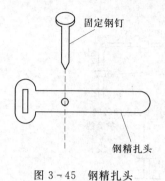

图 3-45　钢精扎头

钢精扎头固定到墙上，方法如图 3-46 所示，沿确定的布线走向，用小钢钉将钢精扎头固定牢在墙上，各钢精扎头间的距离一般为 20cm 左右，并保持间距一致。然后将护套线放置到位，从一端起向另一端逐步固定。固定时，按图 3-47 所示用钢精扎头包绕护套线并收紧即可。钢精扎头规格可分为 0 号、1 号、2 号、3 号、4 号等几种，号码越大，长度越长。护套线线径大或敷设导线根数多，应选用号数较大的钢精扎头。在室内、外照明线路中，通常用 0 号和 1 号钢精扎头。

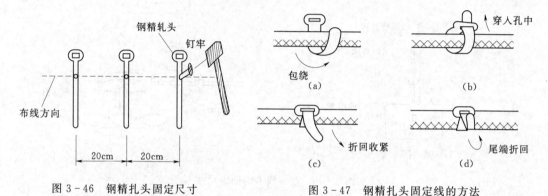

图 3-46　钢精扎头固定尺寸　　　　图 3-47　钢精扎头固定线的方法

四、瓷夹板

瓷夹板适用于固定单股绝缘导线。瓷夹板有双线式、三线式等形式，包括上瓷板、下瓷板和固定螺钉，如图 3-48 所示。双线式瓷夹板具有两条线槽，用于固定两根导线。三线式瓷夹板具有 3 条线槽，用于固定 3 根导线。布线时，先按图 3-49 所示沿布线走向每隔 80cm 左右在墙壁上钻孔并钉入木楔子，各木楔子间距应一致。再将瓷夹板用木螺钉轻轻固定在木楔子上，如图 3-50 所示，木螺钉暂不要拧紧。然后将两根单股绝缘导线分别

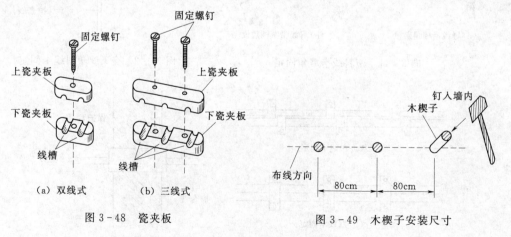

图 3-48　瓷夹板　　　　　　　　图 3-49　木楔子安装尺寸

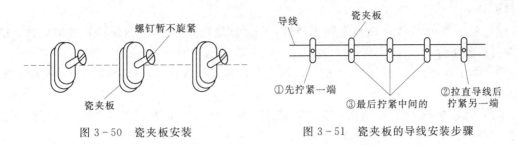

图 3-50　瓷夹板安装　　　　　图 3-51　瓷夹板的导线安装步骤

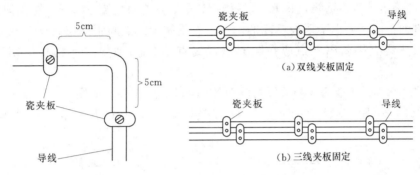

图 3-52　瓷夹板转角安装尺寸　　　图 3-53　多线瓷夹板的安装

放入瓷夹板的两条线槽内，拧紧固定螺钉即可。固定时，应如图 3-51 所示，先拧紧一端的瓷夹板，拉直导线后再拧紧另一端的瓷夹板，最后拧紧中间各个瓷夹板，这样可以保持走线平直、美观。如果布线需 5～10cm 则要用瓷夹板固定，如图 3-52 所示。4 根导线平行敷设时，可以用双线式瓷夹板每两根分别固定，也可用三线式瓷夹板整体固定，如图 3-53（a）、图 3-53（b）所示。

五、PVC 线槽

PVC 线槽，即聚氯乙烯线槽，一般通常采用的方法有行线槽、电气配线槽、走线槽等。采用 PVC 塑料制造，具有绝缘、防弧、阻燃自熄等特点。主要用于电气设备内部布线，在 1200V 及以下的电气设备中对敷设其中的导线起机械防护和电气保护作用。

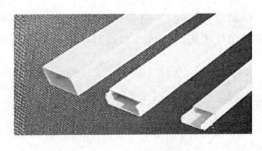

图 3-54　PVC 线槽

PVC 线槽型号主要有 PVC-20 系列、PVC-25 系列、PVC-25F 系列、PVC-30 系列、PVC40 系列、PVC-40Q 系列等。规格主要有 20mm×12mm、25mm×12.5mm、25mm×25mm、30mm×15mm、40mm×20mm 等，如图 3-54 所示。

PVC 线槽安装主要有 4 种方式，即在天花板吊顶采用吊杆或托式桥架、在天花板吊顶外采用托架桥架敷设、在天花板吊顶外采用托架加配固定槽敷设和在墙面上明装。

（1）采用托架时，一般在 1m 左右安装一个托架，采用固定槽时一般 1m 左右安装固定点。固定点是在把槽固定的地方根据槽的大小设置间隔。

1）对于 25mm×20mm～25mm×30mm 规格的槽，一个固定应有 2～3 固定螺钉并水平排列。

2）对于 25mm×30mm 以上的规格槽，一个固定应有 3～4 固定螺钉，呈梯形状，使槽受力点分散分布。

3）除了固定点外应每隔 1m 左右设两个孔，用双绞线穿入，待布线结束后把所有的双绞线捆扎起来。

（2）在墙面明装 PVC 线槽，线槽固定点间距一般为 1m，有直接向水泥中钉螺钉，和先打塑料膨胀管再钉螺钉两种固定方式。

1）按照确定的敷设路线，将 PVC 线槽用钉子、木螺钉或膨胀管固定在预埋件上。钉子或木螺钉的长度不应小于槽板厚度的 1.5 倍。中间固定点间距不应大于 500mm，且要均匀；起点或终点端的固定点应在距起点或终点 300mm 处，三线槽板应用双钉交错固定。

2）对接。PVC 线槽底板和盖板均锯成 45°斜口进行连接，如图 3-55 所示。拼接要紧密，底板的线槽要对齐、对正，底板与盖板的接口应错开，错开的距离不应小于 20mm。

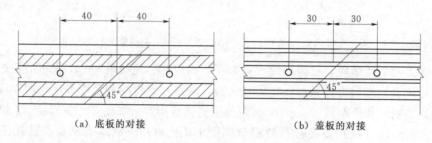

（a）底板的对接　　　　　　（b）盖板的对接

图 3-55　槽板的对接（单位：mm）

3）转角连接。槽板转角连接时，仍把两块槽板的底板和盖板端头锯成 45°断口，并把转角处线槽内侧削成圆弧形，以利于布线并避免碰伤导线，如图 3-56 所示。

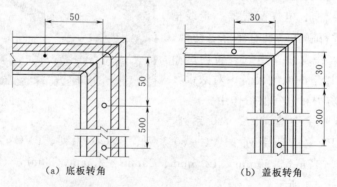

（a）底板转角　　　　　　（b）盖板转角

图 3-56　槽板转角连接（单位：mm）

4）分支拼接。分支拼接时，在支路槽板的端头，两侧各锯掉腰长等于槽板宽度 1/2 的等腰直角三角形，留下夹角为 90°的接头。干线槽板则在宽度的 1/2 处，锯一个与支路槽板尖头配合的 90°凹角，如图 3-57 所示，并在拼接点处把底板的筋用锯子锯掉铲平，使导线在线槽中能顺畅通过。

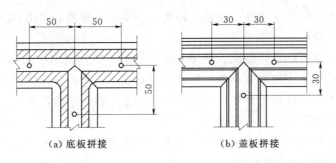

图 3-57　槽板分支 T 形拼接（单位：mm）

分支拼接注意事项：①敷设导线时，槽内导线不应受到挤压；②导线在灯具、开关、插座及接头等处，一般应留有 100mm 的余量，在配电箱处则按实际需要留有足够的长度，以便于连接设备。

5）固定盖板。固定盖板应与敷设导线同时进行，边敷线边将盖板固定在底板上。固定用的木螺钉或铁钉要垂直，防止偏斜而碰触导线。盖板固定点间距不应大于 300mm，端部盖板固定点间距不大于 30～40mm，进入木台盖的固定点如图 3-58 所示。

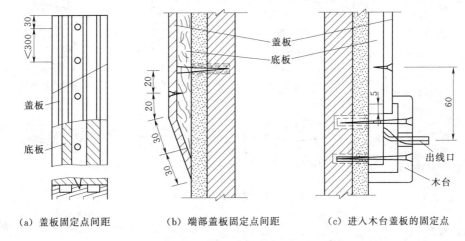

图 3-58　盖板的固定（单位：mm）

（3）PVC 线槽敷设要求。

1）强、弱电线路不应同敷于一根线槽内。线槽内电线或电缆总面积不应超过线槽内截面的 60%。

2）导线或电缆在线槽内不得有接头。分支接头应在接线盒内连接。

3）塑料线槽敷设时，线槽的连接应连续无间断；每节线槽的固定点不应少于两个；在转角、分支处和端部均应有固定点，并应贴紧墙面固定。槽底的固定点最大间距应根据线槽规定而定。

（4）线槽敷设时，线槽应紧贴在建筑物的表面，平直整齐；尽量沿房屋的线脚、墙角、横梁等敷设，要与建筑物的线条平行或垂直。水平或垂直允许偏差为其长度的 2‰，且全长允许偏差为 20mm；并列安装时，槽盖应便于开启。

（5）塑料线槽配线，在线路的连接、转角、分支及终端处应采用相应附件。塑料线槽及附件如图3-59所示。

（6）当导线敷设到灯具、插座、开关或接头处时，要预留出100mm左右的线头便于连接。不允许在槽板上直接安装电器，安装电器必须要用木台并压住槽板头。

（7）槽板配线，不可用于有灰尘或有燃烧性、爆炸性的危险场所。

（8）两根槽板不能叠压在一起使用。

（9）槽板配线在水平和垂直敷设时，平直度和垂直度允许偏差均不大于5mm。

（10）线槽终端要做封端处理。

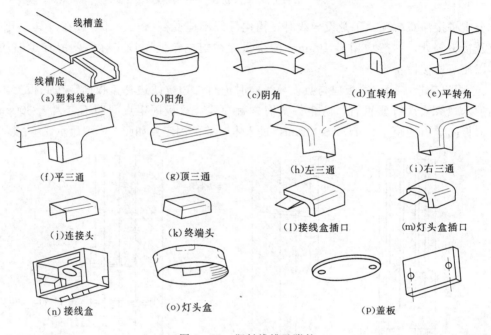

图3-59 塑料线槽及附件

六、管线

凡用钢管或硬塑料管来支持导线的线路，均称管线路或线管配线。钢管线路具有较好的防潮、防火和防爆等特性。硬塑料管线路也称硬质阻燃塑料管、PVC管线路，具有较好的防潮和抗酸碱腐蚀等特性，同时还有较好的抗外界机械损伤性能。管线路是一种比较安全可靠的线路，但造价较高，维修不方便。

管线路分为明配线和暗配线两种。明配线是把线管敷设在墙面上及其明露处，要求配线管横平竖直，整齐美观。暗配线是把线管埋设在墙内、楼板内或地坪内以及其他看不见的地方，不要求横平竖直，只要求管路短、弯头少。

通常是根据施工要求选好管子并对管子进行一系列加工，然后敷设管路，最后把绝缘导线穿在管内，并与各种电气设备或设施进行连接。

1. 钢管

配线用的钢管有厚壁和薄壁两种，后者又称电线管。对于干燥环境，也可用薄壁钢管明敷或暗敷。对潮湿、易燃、易爆场所和地下埋设，必须用厚壁钢管。钢管不能有折扁、裂纹、砂眼，管内应无毛刺、铁屑，管内或管外不应有严重的锈蚀。对于管径的选择，应由穿入的导线总截面积（包括绝缘层）来决定，但导线在管内所占面积不应超过管子有效面积的 40%。

（1）钢管弯管。线管配线应尽量减少弯头；否则会给穿线带来困难。但是线路需改变方向时，为了便于穿线，管子的弯曲角度一般不应小于 90°。明管敷设时，管的曲率半径 $R \geqslant 4d$；暗管敷设时，管的曲率半径 $R \geqslant 6d$，$\theta \geqslant 90°$，如图 3-60 所示。

弯管器是最简单的一件工具，其外形或使用方法如图 3-61 所示。用弯管器弯管适用于直径在 25mm 以下的管子，更适用现场没有电源供电场所的弯管。

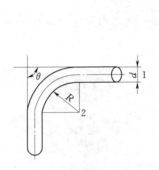

图 3-60 钢管的弯度
1—管子外径；2—曲率半径

图 3-61 用弯管器弯管

注意事项如下。

1）直径在 25mm 以下的线管，可用弯管器进行弯曲，在弯曲时，要逐渐移动弯管器卡口，且一次弯曲的弧度不可过大；否则易弯裂或弯瘪线管。

2）凡管壁较薄而直径较大的线管，弯曲时，管内要灌沙；否则会将钢管弯瘪。如采用加热弯曲，要用干燥无水分的沙灌满，并在管两端塞上木塞，如图 3-62 所示。

3）有缝管弯曲时，应将焊缝处放在弯曲的侧边，作为中间层，这样可使焊缝在弯曲时不会延长也不会缩短，焊缝处就不容易裂开，如图 3-63 所示。

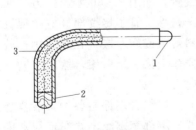

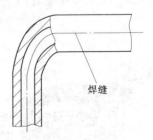

图 3-62 钢管灌沙弯曲
1、2—木塞；3—黄沙

图 3-63 有缝管的弯曲

4）当管径较大而难以弯制时，可采用电动液压顶弯机，电动液压顶弯机适用于直径为 15～100mm 钢管的弯制，弯管时只要选择合适的弯管模具将入机器中，穿入钢管，就可弯制。

（2）锯管。敷设钢管由于长度的需要一般都用钢锯锯削。下锯时，锯要扶正，向前推动时适度增加压力，但不得用力过猛，以防折断锯条。钢锯回拉时，应稍微抬起，减小锯条磨损。管子快要锯断时，要放慢速度，使断口平整。管子快要锯断时，要放慢速度，使断口平整。锯断后用半圆锉锉掉管口内侧的毛刺和锋口，以免穿线时割伤导线。

（3）钢管的连接。

1）钢管套螺纹。为了连接钢管或钢管与接线盒，就需在连接处套螺纹，可用管子套螺纹绞板或手持式电动套螺纹机，前者适用单一少量套螺纹，后者适用于批量套螺纹。

管子套螺纹常用的绞板规格有 1.27～5.08cm（0.5～2in）和 6.35～10.16cm（2.5～4in）两种，如图 3-64 所示。

手持式电动套螺纹由于装有自动进牙机构，所以能采用各种标准牙切制螺纹，如图 3-65 所示。

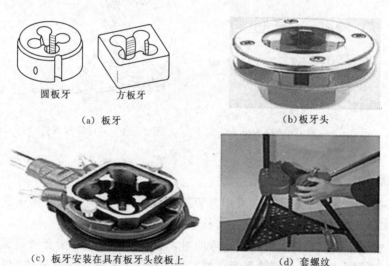

（a）板牙　　　　　　　　　（b）板牙头

（c）板牙安装在具有板牙头绞板上　　　（d）套螺纹

图 3-64　管子套螺纹绞板

2）钢管连接。无论是明配管还是暗配管，一般均采用管箍连接，尤其是埋地和防爆线管，如图 3-66 所示。为了保证管接口的严密性，管子螺纹部分应顺螺纹方向缠上塑料薄膜或麻丝嵌垫在螺纹中，若用麻丝要在麻丝上涂一层白漆，然后拧紧，并使两端面吻合。

当线管端部与各种接线盒连接时，先把线管端部套螺纹，并在接线盒内外各用一个薄形螺母（又称锁紧螺母）夹紧，夹紧线管的方法如图 3-67 所示。安装连接时，先在线管管口拧入一个螺母，待管口穿入接线盒

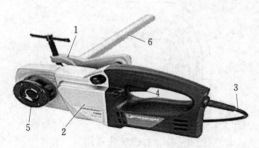

图 3-65　手持式电动套螺纹机
1—管子夹座；2—主机；3—电源线；
4—正/反开关；5—板牙头；6—钢管

后，在盒内再套拧一个螺母，然后用两把扳手，把两个螺母反向拧紧，拧紧时要求平整、牢固。如果需要密封，则应在两螺母之间各垫入封口垫圈。

钢管配线必须可靠接地，为此，在钢管配线中钢管与钢管、钢管与接线盒及配电箱连接处，要用 $\phi6\sim10\text{mm}$ 圆钢制成的跨接线连接，使金属外壳成为一体，进行可靠接地，如图 3-68（a）所示，钢管与钢管的跨接线连接方法如图 3-68（b）所示。

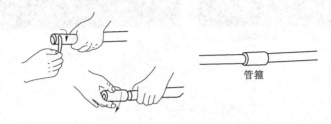

图 3-66　钢管的连接

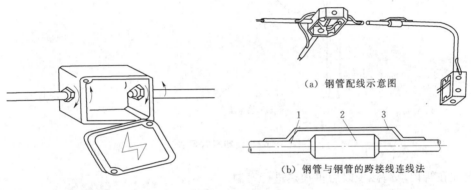

（a）钢管配线示意图

（b）钢管与钢管的跨接线连线法

图 3-67　钢管与接线盒的连接方法

图 3-68　钢管连接处的跨接线
1—钢管；2—管箍；3—跨接线

2. 硬质阻燃塑料管

硬塑料管的材质均应具有耐热、耐燃、耐冲击性能，并符合防火规范要求，并有产品合格证。管材的里外均应光滑，无凸棱凹陷、针孔、气泡，内外径应符合国家统一标准，管壁厚度应均匀一致。

（1）塑料管弯管。对硬质塑料管可采用冷煨法和热弯法弯曲。

1）冷煨法。管径在 25mm 及其以下可用冷煨法，冷煨法是将型号合适的弯管弹簧插入需要折弯的 PVC 管材内需煨弯处，两手抓住弯管弹簧两端头，膝盖顶在弯管处，用手扳，逐渐煨至所需弯度，然后抽出弹簧即可，此方法也适用热弯法。弯管弹簧和冷煨管如图 3-69（a）、图 3-69（b）所示。当弹簧不易取出时，可以逆时针转动弹簧，使之外径收缩，同时往外拉即可拉出弹簧。

2）热弯法。弯管前先将管子放在电烘箱或电炉上加热，边加热边转动管子，待管子柔软时，把管子放在胎具内弯曲成型，弯曲时逐渐煨出所需管弯度，并用湿布摩擦使弯曲部位冷却定型，如图 3-69（c）所示。弯曲处不得因煨弯使管出现烤伤、变色，要无明显折皱、破裂及凹扁现象，管径较大（50mm 以上）的硬塑料管，为防止弯扁或粗细不

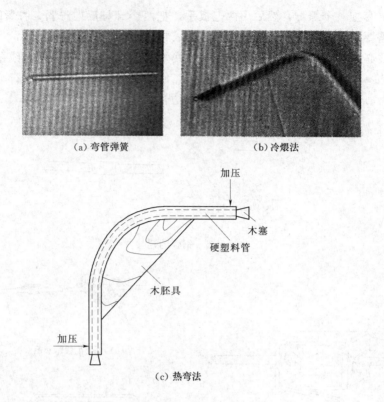

（a）弯管弹簧　　　　　　　　　　（b）冷煨法

图 3-69　硬塑料管弯管

均，可先在管内填满沙子以后再加热进行弯制。

（2）锯管。硬塑料管管径较大（50mm 以上）时的切断方法跟锯钢管方法一样。若是硬塑料管管径较小时，可选用剪管器切断。

（3）硬塑料管的连接。

1）插入法连接。插入法适用于管径为 50mm 以下的硬塑料管，方法如图 3-70 所示。连接前将两管口倒角，按图无法分别加工成阴管或阳管，并用汽油或酒精将两管端插接部位的油污清理干净，再将阴管插接段（长度为管径的 1.2～1.5 倍）放在电炉或喷灯上来回转动加热，待其呈柔软状态后，将阳管插入部分涂一层胶黏剂（过氯乙烯胶），然后迅速插入阴管，并立即用湿布冷却。

2）套管连接法。连接两根硬塑料管，也可在接头部分加套管完成。套管的长度为它自身内径的 2.5～3 倍，其中管径在 50mm 以下时取较大值；在 50mm 以上时取较小值，管内径以待插接的硬塑料管在套管加热状态刚能插进为合适。插接前，仍需先将管口在套管中部对齐，并处于同一轴线上，如图 3-71 所示。

3）线管与接线盒的连接。塑料管与接线盒的连接：塑料管与接线盒、灯头盒不能用金属制品，只能用塑料制品。而且塑料管与接线盒、灯头盒之间的固定一般也不应用锁紧螺母和管螺母，要用胀扎管头绑扎，绑扎方法如图 3-72 所示。

3．线管的固定

（1）线管在混凝土或砖墙内暗敷。若线管要预埋在现场浇制的混凝土的构件内，可用铁丝把线管绑扎在钢筋上，也可用钉子钉在模板上，如图3-73所示。固定在模板上的钢管先用碎石垫高15mm以上，再用铁丝绑牢，然后浇灌水泥砂浆。

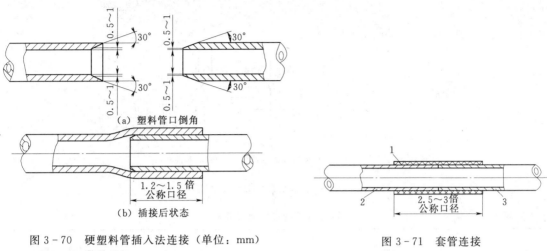

图3-70　硬塑料管插入法连接（单位：mm）

图3-71　套管连接
1—套管；2、3—接管

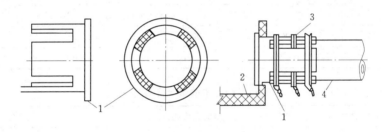

图3-72　塑料管与接线盒的连接
1—胀扎管头；2—塑料接线盒；3—用铁丝绑线；4—塑料管

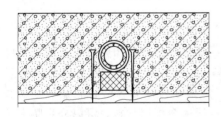

图3-73　在模板上固定线管的方法

砖墙暗敷线管时，一般是在土建砌砖时预埋；否则应在砖墙上留槽或开槽。在槽内固定线管之前，先在砖缝里打入木楔，将钉子钉入木楔中，用铁丝把线管绑扎在钉子上，使线管嵌入墙内，然后浇灌水泥砂浆，抹平。

在地坪内暗敷线管，若未预埋，则应留槽或开槽，然后将线管放入槽中，并浇灌水泥砂浆、抹平。若槽内土层外露，则应将线管事先垫高，使其离土层15～20mm。应当指出，地坪内所埋设的暗管，除出线口外不能有外露现象。

（2）线管的明敷。明敷线管时，可用管卡固定。在砖墙或混凝土等建筑物表面上，用金属胀管固定管卡比较可靠；在角钢支架或建筑物金属构件上，可用螺栓固定管卡。当线管进入开关、灯头、插座和接线盒孔前的30mm处及线管弯头的两边，均需用管卡固定，如图3-74所示。直线敷设钢管时，两管卡之间的距离不应大于表3-2的规定；直线敷设硬塑料管时，两管卡之间的距离不大于表3-3的规定。

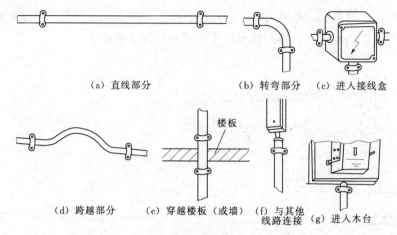

	(a) 直线部分	(b) 转弯部分	(c) 进入接线盒
	(d) 跨越部分	(e) 穿越楼板（或墙）	(f) 与其他线路连接　(g) 进入木台

图 3-74　管线线路明敷设方法及管卡的定位

表 3-2　　　　　　　　　　　钢管管卡的最大允许距离　　　　　　　　　　　单位：mm

管壁厚度	钢管直径			
	13~20	25~32	38~50	65~100
	最大允许距离			
3	1500	2000	2500	3500
1.5	1000	1500	2000	2500

表 3-3　　　　　　　　　　硬塑料管管卡的最大允许距离　　　　　　　　　　单位：mm

硬塑料管直径	最大允许距离	允许偏差
20 以下	1000	30
25~40	1500	
50 以上	2000	

七、底盒（接线盒）

底盒就是插座、开关面板后面用于盛放电线，实现连接与保护作用的盒子。底盒可以分为 86 型、118 型、116 型、146 型、双 86 型等。通用 86 型底盒外形尺寸为 86mm×86mm，通用 146 型底盒外形尺寸为 146mm×86mm。底盒还可以分为塑料底盒、金属底盒。底盒根据安装方式可分为暗装底盒、明装底盒。电线底盒根据材料，可以分为防火底盒、阻燃类底盒。家装中一般选择阻燃型底盒。底盒的深度有 35mm、40mm、50mm 等几种规格，如图 3-75 所示。

底盒安装面板两个螺钉孔的位置有两侧型、底上型。如果遇到墙里有钢筋，需要把盒子底切掉，则一般选择两侧型底盒。另外，最好选择螺钉孔可以调节的底盒。质量差的底盒容易软化、老化。如果选择质量差的底盒，则可能影响开关安装的稳定性。底盒中的电线接头多，安装接线时要注意安全。

底盒除常与开关、插座面板配套使用外，还可以与空白板配套使用。面板下面有线路接头，空白面板起遮盖、安全、美观、预留等作用。

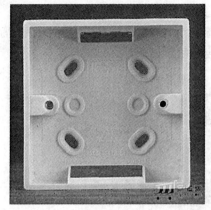

（a）86 型明底盒

（b）86 型暗底盒

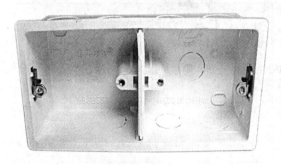

（c）双 86 型底盒

（d）金属底盒

图 3-75　底盒的类型

为了便于安装开关、插座、灯具及导线连接，在预埋管路时，应在上述部位安装接线盒。值得注意的是，钢管配钢盒，塑料管配塑料盒，两者不能混用。安装开关、插座的接线盒有正方形盒、长方形盒；用来安装灯具的接线盒是八角形，称为灯头盒。接线盒壁上有敲落孔，使用时用钢丝钳敲击即成圆孔，用来与电线管连接，如图 3-76 所示。

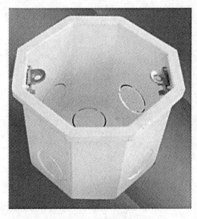

（a）灯头盒

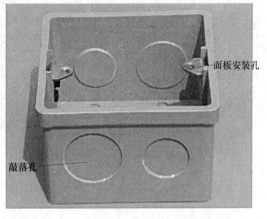

面板安装孔

敲落孔

（b）开关、插座盒

图 3-76　接线盒

PVC 管与接线盒的连接方法是：先将入盒接头和入盒锁扣紧固在盒（箱）壁；将入盒接头及管子插入段擦干净；在插入段外壁周围涂抹专用 PVC 胶水；用力将管子插入接头，插入后不得随意转动，约 15s 后即完成，连接后的效果如图 3-77 所示。

图 3-77 PVC 管与接线盒的连接

知识点三 照明电路明装和暗装知识

室内线路施工一般是指从室内总配电箱（或分配电箱）到用电器具这段供电线路或控制线路的接线。根据环境条件的不同，线路的安装有明线和暗线两种施工方法。导线沿墙壁、天花板、梁与柱等建筑物表面敷设，称为明线线路。导线穿管暗设在墙内、梁内、柱内、地面内、地板内或暗设在不能进入的吊顶内，称为暗线线路。对室内线路施工的基本要求是：线布置不仅经济合理、整齐美观，而且要保证安装质量、安全可靠。

室内常见的线路施工方式有瓷夹板线路、塑料线槽线路、护套线线路和管线线路。

一、照明电路明装

室内线中施工一般家装明装工艺流程为：弹线定位→线槽固定→线槽连接→槽内放线→导线连接→线路绝缘检查。

1. 弹线定位

根据相关图确定进户线、箱等电器具固定点的位置。从始端到终端，先干线后支线找好水平或垂直线。再用粉线袋在线路中心弹线，并且分均挡距，以及用笔画出加挡位置。分均挡距是用于确定固定点的位置，固定点的位置处采用电锤钻孔，然后在孔里埋入塑料胀管或伞形螺栓，供固定线槽使用。弹线时不得弄脏房屋的墙壁表面。因为明装弹线是对已经粉刷、装饰好的墙壁、地面进行的，因此，明装弹线不得多余、随意，也可以隔一段距离弹一小段线。

弹线定位的要求与规范：线槽配线在穿过楼板或墙壁时，需要采用保护管，穿楼板处必须用钢管保护，其保护高度距地面不应低于1.8m，装设开关的地方，保护管可引到开关的位置，过变形缝时应做补偿处理，硬质塑料管暗敷或埋地敷设时，引出地面不低于0.5m的一段管路应采取防止机械损伤的措施。

2. 线槽固定

（1）木砖线槽固定。利用配合土建结构施工的预埋木砖，加砌砖墙或砖墙剔洞后再埋的木砖，梯形木砖较大的一面应朝洞里，外表面与建筑物的表面平齐，最后再用水泥砂浆抹平，等凝固后再把线槽底板用木螺钉固定在木砖上。

（2）塑料胀管线槽固定。混凝土墙、砖墙、瓷砖墙可以采用塑料胀管固定塑料线槽。根据胀管直径、长度选择钻头。在标出的固定点位置上钻孔，不应有歪斜、豁口，垂直钻好孔后，应将孔内残存的杂物清理干净。再用榔头把塑料胀管垂直敲入孔中，并与建筑物表面平齐为准，然后用石膏将缝隙填实抹平。再用半圆头木螺钉加垫圈将线槽底板固定在塑料胀管上，紧贴房屋墙壁表面。一般需要先固定两端，再固定中间。在固定时，要找正线槽底板，横平竖直，并沿房屋表面进行敷设。固定线槽常用的木螺钉规格尺寸见表3-4。硬质塑料管明敷时，其固定点间距不应大于表3-5所列的数值。塑料线槽明敷时，槽底固定点间距应根据线槽规格而定，一般不应大于表3-6所列的数值。

表 3 - 4 　　　　　　　　　　　　固定线槽常用的木螺钉 　　　　　　　　　　　　单位：mm

标号	公称直径 D	螺杆直径 D	螺杆长度 h
7	4	3.81	12～70
8	4	4.7	12～70
9	4.5	4.52	16～85
10	5	4.88	18～100
12	5	5.59	18～100
14	6	6.30	250～100
16	6	7.01	25～100
18	8	7.72	40～100
20	8	8.44	40～100
24	10	9.86	70～120

表 3 - 5 　　　　　　　　　　　　塑料管明敷时固定点最大间距

公称直径/mm	20 及以下	25～40	50 及以上
最大间距/m	1.00	1.50	2.00

表 3 - 6 　　　　　　　　　　　　塑料线槽明敷时固定点最大间距

线槽宽度/mm	固定点最大间距/m		
	中心单列	双列（30mm）	双列（50mm）
20～40	0.8	—	—
60	—	1.0	—
80～120	—	—	0.8

（3）伞形螺栓固定线槽。在石膏板墙或其他保护墙上，可以采用伞形螺栓固定塑料线槽。首先根据弹线定位的标记，找出固定点位置，把线槽的底板横平竖直地紧贴房屋墙壁、顶面的表面，钻好孔后将伞形螺栓的两个叶掐紧合拢插入孔中，等合拢伞叶自行张开后，再用螺母紧固即可。露出线内的部分应加套塑料管，固定线槽时，一般要先固定两端，再固定中间。

（4）硬质阻燃塑料管 PVC 明敷安装。家装小管径 PVC 阻燃导管可在常温下进行弯曲，电线管路与热水器、蒸汽管同侧敷设时，应敷设在热水管、蒸汽管的下面。有困难时，可敷设在其上面。电线管路与热水管、蒸汽管相互间的净距不宜小于下列数值：①当管路敷设在热水管下面时为 0.20m，上面时为 0.30m；②当管路敷设在蒸汽管下面时为 0.50m，上面时为 1m。当不能符合上述要求时，应采取隔热措施。电线管路与其他管路的平行净距不应小于 0.10m。当与水管同侧敷设时，宜敷设在水管的上面。

3. 线槽的连接与走线

线槽及附件连接处应严密、平整、无缝隙，紧贴建筑物固定最大间距应符合表 3 - 7 的规定。

表 3 - 7　　　　　　　　　　　　　　槽体固定点最大间距

槽板宽度/mm	槽体固定点最大间距/mm		
	中心单列	双列（30mm）	双列（50mm）
20～40	800	—	—
60	—	1000	—
80～120	—	—	800

（1）槽底和槽盖直线段对接。槽底固定点的间距应不小于 500mm，盖板应不小于 300mm，底板离终点 50mm 及盖板距离终端点 30mm 处均需要固定，三线槽的槽底应用双钉固定，槽底对接缝与槽盖对接缝应错开并不小于 100mm。

（2）线槽配件。线槽分支接头、线槽附件（如直通、三通转角、接头、插口）、盒、箱应采用相同材质的定型产品。

（3）线槽各种附件安装要求。塑料线槽布线，在线路连接、转角、分支及终端处应采用相应附件，盒子均应两点固定，各种附件角、转角、三通等固定点不应少于两点，接线盒、灯头盒应采用相应插口连接，线槽的终端应采用头封堵，在线路分支接头处应采用接线箱，安装铝合金装饰板时，应牢固、平整、严实。

（4）槽内放线。放线时，先用布清除槽内的污物，使线槽内外清洁，先将导线放开伸直，理顺后盘成大圈，置于放线架上，从始端到终端，边放边整理，导线顺直不得有挤压、背扣、扭结、受损等现象。绑扎导线可以采用尼龙绑扎带，不得采用金属丝绑扎，在接线盒处的导线预留长度不应超过 150mm，线槽内不允许出现接头，导线接头应放在接线盒内。从室外引进室内的导线在进入墙内一段用橡胶绝缘导线，严禁使用塑料绝缘导线，并且穿墙保护管的外侧应有防水措施。导线连接处的接触电阻值要最小，机械强度不得降低，并且要恢复其原有的绝缘强度，连接时要注意正确区分相线、中性线、保护地线。强电、弱电线路不应同敷于同一根线槽内。

护套绝缘电线明敷，需要采用线卡沿墙壁、顶棚、房屋表面直接敷设，固定点间距不应大于 0.3m，不得将护套绝缘电线直接埋入墙壁、顶棚的抹灰层内，护套绝缘电线与接地导体、不发热的管道紧贴交叉时，应加强绝缘保护，金属管布线的管路较长或有弯时，需要适当加装拉线盒，两个拉线点间距离应符合以下要求：①对无弯的管路不超过 30m；②两上拉线点间有一个弯时不超过 20m；③两上拉线点间有两个弯时不超过 15m；④两上拉线间有 3 个弯时不超过 8m；⑤当加装拉线盒有困难时，也可适当加大管径。

4. 照明开关的安装

开关安装的规范与要求，开关安装要在便于操作的位置，开关边缘距门框边缘的距离为 0.15～0.2m，开关距地面高度一般为 1.3m，拉线开关距地面高度一般为了 2～3m，层高小于 3m 时，拉线开关距顶板不小于 100mm，并且拉线出口垂直向下。相同型号并列安装及同一室内开关安装高度应一致，且控制有序不错位，并列安装的拉线开关的相邻间距不小于 20mm。安装开关时不得碰坏墙面，要保持墙面清洁，开关插座安装完毕后，不得再次进行喷浆，其他工种施工时，不要碰坏和碰歪开关。盒盖、槽盖应全部盖严实、平整，不允许有导线外露现象。

5. 木台、拉线开关和灯具的安装

先将从盒内甩出的导线由塑料（木）台的出线孔中穿出，再将塑料（木）台紧贴于墙面，用螺钉固定在盒子或木砖上，塑料（木）台上的隐线槽应先顺着导线方向，然后用螺钉固定牢固。塑料（木）台固定后，将甩出的相线、中性线按各自的位置从开关、插座、灯具盒的线孔中穿出，按接线要求将导线压牢。再将开关或插座、灯具盒贴于塑料（木）台上，对中找正，用木螺钉固定牢。最后把开关、插座、灯具盒的盖板上好即可。

目前，木台灯头（灯座）应用较少，主要是安装麻烦。采用较多的是塑料灯头（灯座），只需要简单固定与接线就可实现安装灯具的目的。

6. 瓷夹固定线路

瓷夹固定要求其底板要平整、完好，不得有破裂、歪斜等现象。瓷件安装牢固无损坏，瓷夹必须整齐、不得歪斜、错台，表面清洁、固定间距均匀准确。采用瓷夹固定，支持点与转弯中点、分支点和电气器具边缘的距离为40～60mm。导线沿室内墙壁、顶棚敷设时，其瓷夹支持件固定点间的距离应符合表3-8的规定。

瓷夹固定的导线规格、型号必须符合要求，导线敷设应横平竖直，在同一平面上有曲折时，折角应为90°。瓷夹配线线路中心线允许偏差，水平线路为5mm，垂直线路为5mm。室内敷设的导线与建筑物表面最小距离在瓷夹板配线时，应不小于5mm。当两条线路相互交叉时，应在靠近建筑物的导线上套以绝缘套管，管两端用瓷夹固定，导线间和导线对地间的绝缘电阻必须大于0.5MΩ。导线严禁有扭绞、死弯、绝缘层损坏等缺陷，如图3-78所示。

表3-8 支持件固定点间的最大允许距离

导线线芯截面/mm²	固定点间的最大允许距离/mm
1～4	700
6～10	800

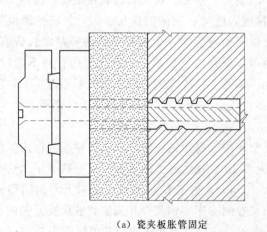

（a）瓷夹板胀管固定

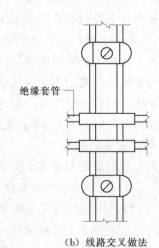

绝缘套管

（b）线路交叉做法

图3-78（一） 瓷夹的使用方法（单位：mm）

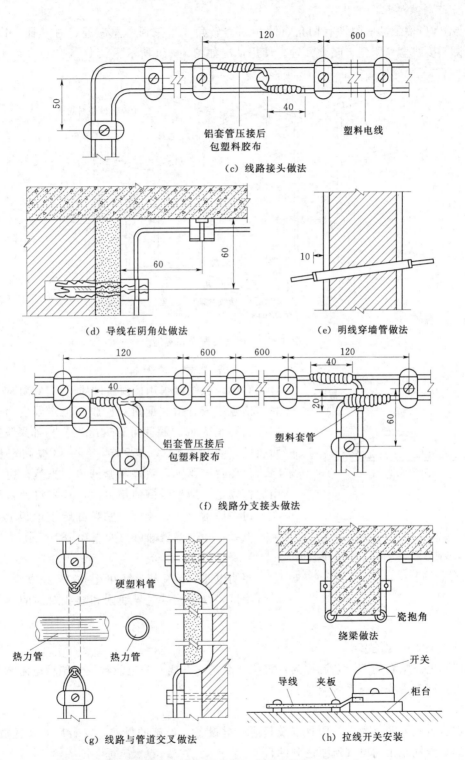

（c）线路接头做法

（d）导线在阴角处做法

（e）明线穿墙管做法

（f）线路分支接头做法

（g）线路与管道交叉做法

（h）拉线开关安装

图 3-78（二）　瓷夹的使用方法（单位：mm）

7. 塑料线槽配线安装

与 PVC 槽配套的附件有阳角、阴角、直转角、平三通、左三通、右三通、连接头、终端头、接线盒（明盒、暗盒）等。使用情况如图 3-79 所示。

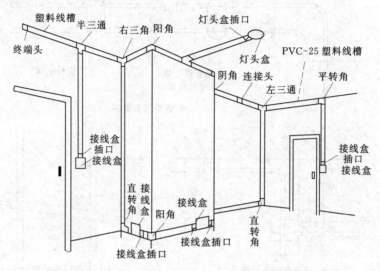

图 3-79 塑料线槽安装实例

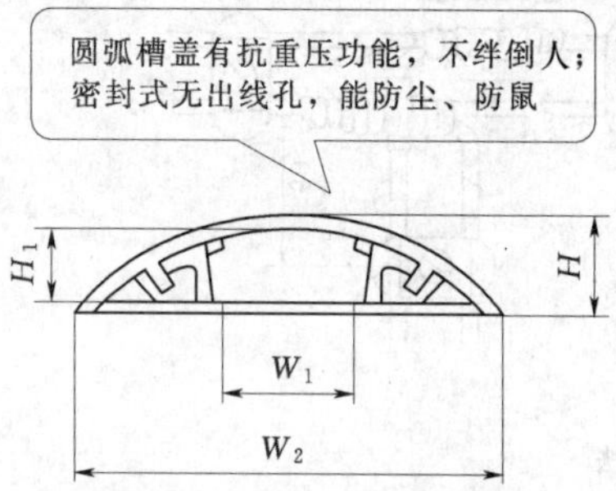

图 3-80 圆弧槽盖地线槽

H—地线槽总高度；H_1—地线槽槽内高度；

W_1—地线槽槽内宽度；W_2—地线槽总宽度

圆弧槽盖有抗重压功能，不绊倒人；密封式无出线孔，能防尘、防鼠

8. 地板线槽配线安装

有的地板线槽采用低卤素硬质 PVC 料制成，由槽底、槽盖组成，槽底配附双面胶。工作温度为 -25℃ 持续高温至 70℃，瞬间可耐热达 85℃。如果没有配双面胶的，可以采用线槽背胶，首先将被固定板擦干净，再用背胶撕去，粘好压紧即可。当然，也可以采用螺钉固定。地板线槽使用方法：首先将地板擦拭干净，再将底槽双面胶撕开，粘贴固定于地板上，随后装入电线，盖上槽盖即可，如图 3-80 所示。

9. 线路绝缘检查

照明电路明装完毕后，可用 500V 兆欧表（摇表）进行测试，线路测试时导线间和导线对地的绝缘电阻应大于 0.5MΩ。

二、照明电路暗装

照明电路暗装施工工艺流程为：定位→剔槽（开槽）→电线敷设→绝缘电阻测试→配电箱安装→灯具安装→系统调试。

1. 定位

定位就是要明确家电、厨具以及其他用电设备、设施的尺寸，安装尺寸及摆放位置，以免影响电气施工与电气所要达到的目的。

定位的标准与要求：明确电器的电源插座位置，从而根据实际现场考虑电源插座引线

布管的走向；明确楼上、楼下、卧室、过道等灯具是为单控、双控还是三控；顶面、墙面、柜内的灯具的位置、控制方式有什么要求；有无特殊电气施工要求；电路定位总的要求是精确、全面、一次到位；同时用彩色粉笔做标注时，字迹要清晰、醒目；标注的文字需要写在不开槽的地方，并且标注的颜色要一致；电视机插座及相关定位，需要考虑电视机柜的高度，以及所用电视机的类型；客厅灯泡个数较多，明确是否采取分组控制；明确床头开关插座是装在床头柜上，还是柜边、柜后；空调定位时，需要考虑是采用单相的还是三相的；热水器定位时，一定要明确所采用的热水器具体类型；厨房的定位需要参照橱柜图纸，因为一些水电设施是被橱柜遮住了或者在橱柜里面；整体浴室的定位需要结合厂家有关的协商完成。

2. 弹线与开槽

弹线就是确定线路、线路终端插座、开关面板的位置，在墙面、地面标画出准确的位置和尺寸的控制线。盒箱位置的弹线的水平线可以用小线、水平尺测出盒、箱的准确位置并标出尺寸。灯的位置主要是标出灯头盒的准确位置尺寸。改造电路时，要避免凿槽的时候因为敲松墙表面结构而引起空鼓，因此，在凿槽的时候需要用切割机开槽，并且在敷设PVC管时用水泥砂浆抹面保护，其厚度也不应薄于15mm。如果在施工之前墙面就已经有了空鼓和开裂，应该把这些铲除，进行湿水处理，然后再用水泥砂浆抹平阴干。

开槽有关事项：开槽分为砖开槽、混凝土开槽、不开槽3种情况，如图3-81所示。开槽的要求：位置要准确、深度按管线规格确定，不深剔、不漏凿；暗配管路必须保证层大于15mm，导管弯曲半径必须大于6倍导管直径；开槽深度应一致，一般是PVC管直径+10mm。如果插座在墙的下部，垂直向下开槽，到安装踢脚板的底部，根据开槽划出的控制线用云石机开槽。电工凿槽不能太浅，如果是空洞或是砂浆强度低，应用强度高于原砂浆的砂浆抹灰。

图3-81 开槽

3. 插座、开关位置与要求

电源插座底边距地标准高度为300mm左右；平开关板底边距地标准高度为1300mm左右；挂壁空调插座的高度为1900mm左右；脱排插座高为2100mm左右；厨房插座为950mm左右；挂式消毒柜插座1900mm左右；洗衣机插座为1000mm左右；卧室里床头开关高度一般是70cm左右；房间、客厅、书房里的插座高度（除床头插座外）一般是30cm左右；电视插座高度一般是50~70cm；厨房里的插座高度一般在100cm以上；暗藏式消毒碗柜专用插座高度一般为30～40cm；弱电插座距地高度一般为300mm左右；卫生间热水器插座安装水平线高度：外露式一般为2m，隐蔽式为2.5m。电冰箱插座安装水平线高度为0.3m左右。油烟机插座安装水平高度为2m左右。

4. 布管与连接

进行阻燃塑料管敷设与煨弯时，必须按原材料规定的允许环境温度进行，其外界环境温度不宜低于-15℃。

（1）阻燃塑料管的弯管方法。预制管弯可以采用冷煨法、热煨法。其中冷煨法的操作如下：将管子插入配套的弯管器内，手扳一次煨出所需的角度，将弯管弹簧插入管内的煨弯处，两手抓住弹簧在管内位置的两端，膝盖顶住被弯处，用力逐步煨出所需的角度，然后抽出弯簧，当管路较长时，可将弯簧用细绳拴住一端，以便煨弯后方便抽出。冷煨法适用于ϕ15～25mm的管径。

（2）PVC电线管管路的连接方法。管路连接应使用套箍连接，包括端接头接管。连接可以采用小刷子粘上配套的塑料管胶粘剂，并且均匀涂抹在管的外壁上，然后将管子插入套箍，直到管口到位。操作时，需要注意胶黏剂粘接后1min内不要移动，等粘牢后才能够移动。管路垂直或水平敷设时，每隔1m间距应有一个固定点。管路弯曲部位应在圆弧的两端300～500mm处加一个固定点。电线PVC管进盒、进箱，需要做到一管穿一孔。电线PVC管进盒、进箱先要接端接头，然后用内锁母固定在盒、箱上，并在管孔上用顶帽型护口堵好管口，最后用泡沫塑料块堵好盒口即可。

在布管时，要按下列要求进行：强电、弱电管路的间距必须不小于150mm；煤气管与电管的距离不能小于150mm；房顶走管过墙、过梁的地方一般需要钻孔，孔径与孔距一般为100mm，并且电线管与水管不能走一个洞孔；管材转弯角要弯曲成弧形的90°；强电与弱电管路无法避免交叉时，需要在交叉处用铝箔包裹以达到隔离作用。

5. 稳埋盒、箱

在对盒、箱进行稳埋要达到效果如下：开关插座盒、接线盒、灯头盒、强配电箱、弱配电箱固定要平整、牢固；灰浆饱满，收口平整；纵、横坐标标识准确；开关插座盒、接线盒、灯头盒、强配电箱、弱配电箱的具体位置、尺寸必须符合相关要求。

开关插座盒、接线盒、灯头盒、强电配电箱、弱电配电箱的连接管要留约300mm长度进入盒、箱的管子，如图3-82所示。

盒、箱稳埋剔洞的方法：弹出水平、垂直线，根据要求或者对照图找出盒、箱的准确位置，然后利用电锤、錾子剔洞，注意剔孔洞要比盒、箱稍大一些。洞剔好之后，需要把洞内的水泥块、砖头块等杂物清理干净，然后用水把洞浇湿，再根据管路的走向，敲掉相应方向的盒子，敲落孔，用高强度的水泥砂浆填入洞内，将盒、箱稳住，使之端正不得歪斜，等水泥砂浆凝固后，再接短管入盒、箱。在剔打洞时，不要用力过猛，避免造成洞口周围的墙面破裂。接线盒必须用水泥砂浆封装牢固，其合口要略低于墙面0.5cm左右。

6. 走线与连线

家装中对起线的一般要求是埋设暗盒及敷设PVC电线管后再穿线。实际工作中，可以边敷设PVC电线管边穿线。

（a）弱电配电箱的安装示意

（b）插座底盒安装

（c）接线盒　　　　　　　　　　　　　（d）开关盒高度

图 3-82　盒、箱的稳埋

　　走线的要求与规范如下：强电走上，弱电走下，横平竖直，避免交叉。走对线，电源线配线时，所用导线截面积应满足用电设备的最大输出功率。一般情况下，照明用截面为 1.5mm² 电线，空调挂机及插座用截面为 2.5mm² 电线，柜机用截面为 4.0mm² 电线，进户线电线用截面为 10.0mm² 电线。电线颜色选择正确。三线制安装必须用 3 种不同色标。一般红色、黄色、蓝色为相线色标，蓝色、绿色、白色为中性线色标，黑色、黄绿彩线为接地色标。同一回路电线需要穿入同一根管内，但管内总根数不应超过 8 根，一般情况下 φ16mm 的电线管不要超过 3 根，φ20mm 的电线管不要超过 4 根。电线总截面面积包括绝缘外皮，不应超过管内截面面积的 40%。电源线与通信线不得穿入同一根管内。导线间、导线对地间电阻必须大于 0.5MΩ。电源线、插座与电视线、插座的水平间距要大于 500mm。电线与暖气、热水、煤气管间的平行距离要大于 300mm，交叉距离要大于 100mm。穿入配管导线的接头应设在接线盒内，线头要留有 150mm 余量。接头搭接要牢固，绝缘带包缠需要均匀紧密。电源插座连线时，面向插座的左侧应接中性线，右侧应接相线，中间上方应接保护地线。保护地线可以为 2.5mm^2 的双色软线。所有导线安装，必须穿相应的 PVC 管，所有导线在 PVC 管子里不能有接头。其中空调、浴霸、电热水器、冰箱的线路必须从强配电箱单独放到位。在所有预埋导线留在接线盒处的长度为 20cm。导线分布到位，并且确认无误后，在安全的情况下可通电试验。

7. 开关、插座、底盒连接

开关盒、插座底盒首先进行预埋与线路敷设，等室内装修完成后，再进行面板的安装与连接。在安装时要注意：线盒是否预埋太深，标高是否统一，面板与墙体间缝隙是否过大，底盒内是否留有水泥砂浆杂物，线管是否脱离底盒，线管穿进底盒是否太多，底盒装线是否太多，强、弱电是否共用一个底盒，底盒接线是否用不同标志的绳包扎，底盒螺钉孔是否被螺钉挤爆，各种底盒是否明暗混用，是否使用损坏的或者质量差的底盒，底盒内的导线是否分色等。

（1）开关插座安装作业条件。各种管路、盒子已经敷设完毕；线路穿管完毕，并已对各支路完成绝缘测量；盒子缩进装饰面超过 20mm 的已加套盒，并且套盒与原盒有可靠的措施，盒子缩进装饰面不够 20mm 的已用高标号砂浆外口抹平齐，内口抹方正；墙面抹灰、油漆及壁纸等内装修工作均已完成，为了防止土建施工污染插座面板，水泥、铺砖、水磨石、大理石地面等工作应已完成。

（2）开关、插座安装要求与规范。对同一室内的电源、电话、电视等插座面板应在同一水平标高上，高差应小于 5mm；强电、弱电插座引入的 PVC 管内的强电、弱电线路严禁混装在一起。对交流、直流或者不同电压等级的插座安装在同一场所时，需要有明显的区别，并且采用不同结构、不同规格、不能互换的插座；单相两孔插座有横装、竖装两种，横装时，面对插座，右极接相线，左极接中性线，竖装时，面对插座，上极接相线，下极接中性线；单相三孔插座，面对插座的右孔与相线相连，左孔与中性线相连，上孔与接地线相连；对于单相三孔、三相四孔及三相五孔插座的地线 PE 或保护中性线 PEN 接在上孔；插座的接地端子不得与中性线端子连接；在同一个场所的三相插座，接线的相序要一致；一般情况下，地线 PE 或保护中性线 PEN 在插座间不得有串联连接；当接插有触电危险家用电器的电源时，采用能断开电源相线的带开关的插座；潮湿场所采用密封型并带保护地线触头的保护型插座，安装高度不低于 1.5m；对于同一个房间相同功能的开关应采用同一系列的产品，开关的通断位置要一致；灯具的开关需要控制相线；一般住宅不得采用软线引到床边的床头开关；当不采用安全型插座时，儿童房的插座安装高度应不小于 1.8m。暗装的插座面板紧贴墙面，四周无缝隙，安装牢固，表面光滑整洁、无碎裂、划伤，装饰帽齐全；地插座应具有牢固可靠的保护盖板；开关接地线，应将盒内导线理顺，依次接线后，将盒内导线盘成圆圈，放置于开关盒内；对于窗上方、吊柜上方、管道背后、单扇门后均不应装有控制灯具的开关；多尘潮湿场所和户外应选用防水瓷质接线开关或加装保护箱；特别潮湿的场所，开关应采用密闭型的；最后插座上方有暖气管时，其间距应大于 0.2m；下方有暖气管时，其间距应大于 0.3m。

（3）开关、插座接线方法。首先用錾子轻轻地将盒内残存的灰块剔掉，同时将其他杂物一并清出盒外，并且用湿布将盒内灰尘擦净；再将盒内甩出的导线留出维修长度，然后削去绝缘层；如果开关、插座内为接线柱，将导线按顺时针方向盘绕在开关、插座对应的接线柱上，再旋紧压头即可；如果开关、插座内为插接端子，将线芯折回头插入圆孔接线端子内，孔经允许压双线时，再用顶丝将其压紧即可；注意线芯不得外露，并将开关或插座推入盒内对正盒眼，再用机螺钉固定牢固；在固定时要使面板端正，并与墙面平齐，面板安装孔上有装饰帽的需要一并装好。

技能训练— 室内低压照明电路明装训练
（钢精轧头）

任务目标：
- 了解照明电路明装中钢精扎头对导线的固定。
- 掌握照明电路的布线方法以及基本照明电路的安装。

设备及材料：单控拉线开关、双控拉线开关、插口灯座、螺口灯座、单相两孔插座、日光灯灯座、电子镇流器、启辉器底器、塑料台、单相电能表、钢精扎头、鞋钉、自攻螺钉、钢直尺、一字螺丝刀、十字螺丝刀、尖嘴钳、剥线钳、测电笔、锤子、绝缘胶带、单相刀闸、1.5mm² 单芯铜导线、摇表等。

一、训练步骤

（1）画线路图以及对元件进行定位（图 3-83、图 3-84）。

（2）按尺寸要求进行钢精扎头的固定。

（3）安装单相电能表以及单相刀闸。

（4）安装日光灯并由单控拉线开关进行控制。

（5）安装单控拉线开关控制插口灯座。

（6）安装单相两孔插座（横装或竖装）。

（7）安装双控接线开关控制螺口灯座。

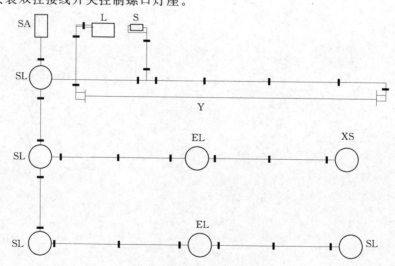

图 3-83 照明电路安装位置图

SA—刀开关；SL—开关（单/双控拉线开关）；EL—灯座（插口/螺口灯座）；XS—插座；
L—日光灯镇流器；S—日光灯启辉器；Y—日光灯底座

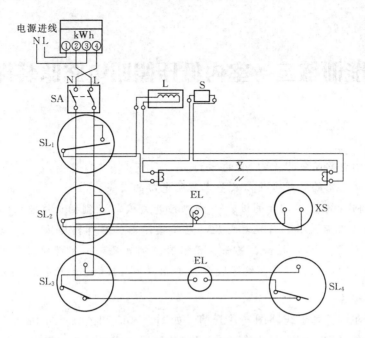

图 3-84　照明电路安装接线图

kWh—单相电能表；N—零线；L—相线（火线）；SA—刀开关；SL₁、SL₂—单控拉线开关；

EL—灯座（插口/螺口灯座）；XS—插座；L—日光灯镇流器；S—日光灯启辉器；Y—日光灯底座；

SL₃、SL₄—双控拉线开关

二、评分标准

内容	评 分 标 准	配分	得分
绘图	图纸不整洁、画错酌情扣分	10	
元器件固定	元器件排列合理、整齐，每指出一处扣5分	20	
配线	走线合理、剥皮适当、横平竖直，不符合要求酌情扣分	30	
钢精扎头固定	钢精扎头固定美观、间距适中，每错一处扣5分	10	
绝缘电阻	正确使用仪表、绝缘电阻符合要求，错一处扣5分	10	
通电验收	有一处故障，扣5分，发生短路故障，记0分	10	
时间180min	超过5min，扣5分	10	

技能训练二 室内低压照明电路暗装训练

任务目标：
· 了解照明电路暗装中 PVC 管的布置。
· 掌握照明电路的穿线方法以及基本照明电路的安装。

设备及材料： 86 型单控开关板、86 型双控开关板、86 型插口灯座板、86 型螺口灯座板、86 型单相五孔插座板、日光灯灯座、电子镇流器、启辉器底器、86 型暗装底盒、单相电能表、PVC 管、PVC 接头、墨斗、开槽器、钢直尺、一字螺丝刀、十字螺丝刀、尖嘴钳、剥线钳、测电笔、锤子、绝缘胶带、单相刀闸、1.5mm² 护套线、摇表等。

一、训练步骤

（1）用墨斗进行弹出线路图，并开槽，如图 3-83 和图 3-84 所示。在本技能训练中，图 3-83 中的 SL 为 86 型开关（单/双控开关板，EL 为 86 型灯座（插口/螺口灯座），XS 为 86 型插座；图 3-84 中的 SL_1、SL_2 为 86 型单控开关，EL 为 86 型灯座（插口/螺口灯座），XS 为 86 型插座，SL_3、SL_4 为 86 型双控开关。

（2）预埋 PVC 管以及灯头盒、开关盒等。

（3）进行穿线并预留出线头。

（4）安装单相电能表以及单相刀闸。

（5）安装日光灯并由单控开关板进行控制。

（6）安装单控开关板控制插口灯座。

（7）安装单相五孔插座板。

（8）安装双控开关板两地控制螺口灯座。

二、评分标准

内容	评 分 标 准	配分	得分
绘图	图纸不整洁、画错酌情扣分	10	
元器件固定	元器件排列合理、整齐，每指出一处扣 5 分	20	
配线	走线合理、剥皮适当、横平竖直，不符合要求酌情扣分	30	
接线盒固定	接线盒固定美观、没有歪斜，每错一处扣 5 分	10	
绝缘电阻	正确使用仪表、绝缘电阻符合要求，错一处扣 5 分	10	
通电验收	有一处故障，扣 5 分，发生短路故障，记 0 分	10	
时间 180min	超过 5min，扣 5 分	10	

模块四
低压电机拖动安装知识

学习目标：

· 了解三相异步电动机的基本知识。

· 了解常用低压电气元件工件原理及应用。

· 掌握典型控制电路的安装及调试。

知识点一 三相异步电动控制知识

随着我国电气事业的快速发展，国民经济各部门对电动的需求量日益增长。目前，电动机已成为我国主要的拖动机械，尤其是异步电动机应用范围最广，需要量最大，其中中小型异步电动机占 70% 以上。

为了保证电动机安全、可靠地运行，必须对电动机定期进行维护和修理。电气工作人员不仅要掌握电动机的维护知识，使其经常处于良好的运行状态，掌握对电动机异常状态的判断方法、故障原因的鉴别方法，还要掌握对电动机快速进行修复的技能。

图 4-1 三相笼型异步电动机的外形

电动机种类繁多，由于三相异步电动机结构简单、坚固耐用、使用和维护方便，因此，它在工、农业生产中得到广泛的应用。图 4-1 所示为封闭型三相笼型异步电动机的外形。

一、三相异步电动机的结构

三相异步电动机主要由定子和转子两个基本部分组成。定子与转子之间有一个小气隙，中小型电动机的气隙一般为 0.2～2mm。三相笼型异步电动机的结构如图 4-2 所示。

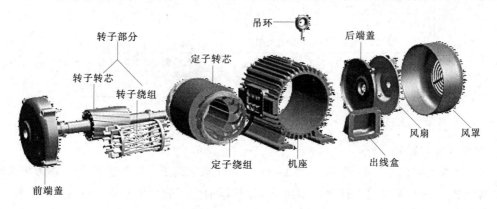

图 4-2 三相笼型异步电动机的结构

1. 定子

定子是用来产生旋转磁场的，它主要由定子铁芯、定子绕组和机座三部分组成。

（1）定子铁芯。定子铁芯是电机磁路的一部分，用薄硅钢片（表面涂以绝缘漆，厚度一般为 0.5mm）叠压而成。定子硅钢片的内圆上冲有均匀分布的槽口，用以嵌放绕组。

（2）定子绕组。定子绕组是异步电动机的电路部分，由三相对称绕组组成。为了便于接线，三相绕组的 6 个出线端引至接线盒内，可按需要接成星形或三角形。

（3）机座。机座主要用于支撑定子铁芯和固定端盖。封闭式电动机的机座表面有散热筋，以增加散热面积。

2．转子

转子是电动机的转动部分，它可以带动其他机械旋转做功。转子由转子铁芯、转子绕组和转轴三部分组成。

（1）转子铁芯。转子铁芯是电机磁路的一部分，在转子硅钢片的外圆槽口内放置转子绕组。为了改善电动机启动性能，笼型转子采用斜槽结构。

（2）转子绕组。中小型异步电动机的笼型转子一般为铸铝式转子，同时在端部上铸出风叶片，作为冷却的风扇。

（3）转轴。转轴的作用是支撑转子、传递转矩，并保证定子与转子之间的气隙均匀度。

3．其他附件

其他附件包括端盖、轴承、轴承盖、风叶和接线盒等。

二、三相异步电动机的铭牌

在每台电动机的机座上都有一块铭牌，如图 4-3 所示，标出了该电动机的型号及一些技术数据，供正确选用电动机，在修理时也应以这些参数作为依据。下面扼要说明铭牌数据的意义。

三相异步电动机			
型号：Y112M-4		编号	
4.0kW		8.8A	
380V	1440r/min		LW 82dB
接法△	防护等级 IP44	50Hz	45kg
标准编号	工作制 SI	B级绝缘	2004 年 8 月
六安电机厂			

图 4-3　铭牌

1．型号 Y112M-4

Y—异步电动机；112—中心高度（mm）；M—机座类别（L 为长机座、M 为中机座、S 为短机座）；4—磁极数。我国 20 世纪 80 年代以前生产的异步电动机用的是旧型号，如 J02-52-4：J—异步电动机、0—封闭式、2—设计序号、5—机座号、2—铁芯长度序号、4—磁极数。

2．其他参数

（1）额定功率。表示电动机在额定工作状态运行时轴上的输出功率，单位为 W 或 kW。

（2）额定电流。表示电动机在额定工作状态运行时，定子电路输入的线电流，单位为 A。

（3）额定电压。电动机定子绕组规定使用的线电压，单位为 V。

（4）额定转速。电动机在额定工作状态运行时的转速，单位为 r/min。

（5）接法。表示电动机定子三相绕组与交流电源的连接方法。对 J02 系列及 Y 系列电动机而言，国家规定凡 3kW 及以下者采用星形（Y）接法，4kW 及以上者采用三角形（△）接法。

（6）防护等级。表示电动机外壳防护的形式。IP11 为开启式，IP22 为防护式，IP44 为封闭式。

（7）绝缘等级。指绕组所采用绝缘材料的耐热等级，它表明电动机允许的最高工作温度。

我国三相异步电动机已生产四代产品，目前在用的主要是第二代产品 J2、J02 系列和第三代产品 Y 系列及其派生产品，还有少量 20 世纪 90 年代生产的第四代产品 Y2 系列。其中 J2、J02 为 E 级绝缘，Y 系列为 B 级绝缘，Y2 系列为 F 级绝缘。在修理时要区别不同产品，选择相应耐热等级的导线及绝缘材料。

知识点二　常用低压电气元件介绍

一、交流接触器

1. 简介

接触器是用于远距离频繁接通和分断主电路或大容量控制电路，主要用于控制电动机，也可用于控制其他电力负载，是电力拖动控制系统中最重要也是最常用的控制电器。交流接触器常用于远距离接通和分断电压至 1140V、电流 630A 的交流电路，以及频繁启动和控制交流电动机。

2. 结构

（1）电磁机构。电磁机构由电磁线圈、铁芯和衔铁组成，其功能是操作触点的闭合和断开。

（2）触点系统。触点系统包括主触点和辅助触点。主触点用在通断电流较大的主电路中，一般由 3 对常开触点组成，体积较大。辅助触点用以通断小电流的控制电路，体积小，它有"常开""常闭"触点（"常开""常闭"是指电磁系统通电动作前触点的状态）。常开触点（又称动合触点）是指线圈未通电时其动、静触点是处于断开状态的，当线圈通电后就闭合。常闭触点（又称动断触点）是指线圈未通电时其动、静触点是处于闭合状态的，当线圈通电后则断开。

线圈通电时，常闭触点先断开，常开触点后闭合；线圈断电时，常开触点先复位（断开），常闭触点后复位（闭合），其中间存在一个很短的时间间隔。分析电路时，应注意这个时间间隔。

（3）灭弧系统。容量在 10A 以上的接触器都有灭弧装置，常采用纵缝灭弧罩及栅片灭弧结构。

（4）绝缘外壳及附件，包括各种弹簧、传动机构、短路环、接线柱等。

3. 交流接触器工作原理

当吸引线圈通电后，电磁系统把电能转换为机械能，所产生的电磁吸力克服反作用弹簧与触点的反作用力，使铁芯吸合，并带动触点支架使常开触点闭合、常闭触点分断，接触器处于得电状态。当吸引线圈失电或电压显著下降时，由于电磁吸力消失或过小，衔铁释放，在恢复弹簧作用下，衔铁和所有触点都恢复常态，接触器处于失电状态。交流接触器结构示意图及电路符号如图 4-4 所示。

4. 交流接触器型号及含义

交流接触器又可分为电磁式、永磁式和真空式 3 种。目前常用的为电磁式流接触器，典型产品为 CJ20、CJ40、CJ12、CJ15、CJ24 等。CJ20 是我国 20 世纪 80 年代产品，CJ40 是在 CJ20 上的更新产品，CJ12、CJ15、CJ24 是系列大功率重任务的交流接触器。CJ 系列型号含义如图 4-5 所示。

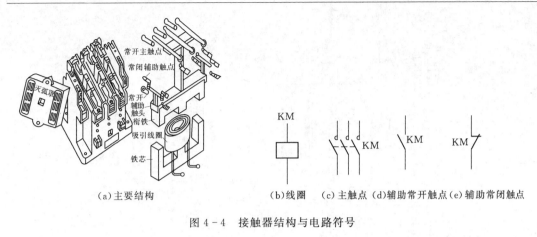

（a）主要结构　　　　　　（b）线圈　（c）主触点（d）辅助常开触点（e）辅助常闭触点

图 4-4　接触器结构与电路符号

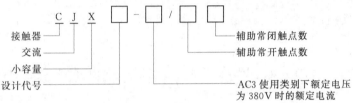

图 4-5　CJ 系列型号及含义

二、热继电器

1. 简介

热继电器是依靠电流通过发热元件时所产生的热，使双金属片受热弯曲而推动机构动作的一种电器。主要用于电动机的过载、断相及电流不平衡运行的保护及其他设备发热状态的控制。热继电器种类较多，由于双金属片式结构简单、体积较小且成本较低，所以应用最为广泛。

2. 结构

热继电器主要由热元件、触点系统两部分组成。热元件有两个的，也有 3 个的。如果电源的三相电压均衡，电动机绝缘性能良好，则三相线电流必相等，用两相结构的热继电器已能对电动机进行过载保护。当电源电压严重不平衡或电动机的绕组内部有短路故障时，就有可能使得电动机的某一相线电流比其余两相高，两个热元件的热继电器就不能可靠地起保护作用，这时要用三相结构的热继电器。热继电器可以做过载保护而不能做短路保护，因其双金属片从升温到变形断开常闭触点有个时间过程，不可能在短路瞬间迅速分断电路。

3. 工作原理

它主要用来对异步电动机进行过载保护，它的工作原理是过载电流通过热元件后，使双金属片加热弯曲去推动动作机构来带动触点动作，从而将电动机控制电路断开实现电动机断电停车起到过载保护的作用。鉴于双金属片受热弯曲过程中，热量的传递需要较长的时间，因此，热继电器不能用作短路保护，而只能用作过载保护。其结构、电路符号如图4-6（a）、图4-6（b）所示。

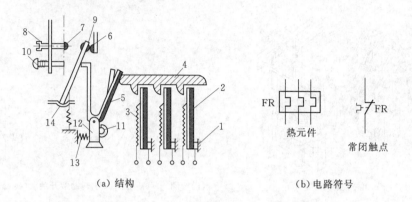

| （a）结构 | （b）电路符号 |

图 4-6　热继电器结构与电路符号

1—双金属片固定支点；2—双金属片；3—热元件；4—导板；5—补偿双金属片；6—常闭触点；7—常开触点；
8—复位螺钉；9—动触点；10—复位按钮；11—调节旋钮；12—支撑；13—压簧；14—推杆

4. 型号及含义

常用的热继电器有 JR20、JRS1、JR36、JR21 等 JR20 系列，其型号含义如图 4-7 所示。

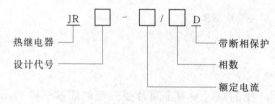

图 4-7　JR20 系列型号及其含义

三、时间继电器

1. 简介

时间继电器是指当加入（或去掉）输入的动作信号后，其输出电路需经过规定的准确时间才产生跳跃式变化（或触点动作）的一种继电器，是一种使用在较低的电压或较小电流的电路上，用来接通或切断较高电压、较大电流的电路的电气元件。

2. 结构

空气阻尼型时间继电器，利用空气通过小孔节流原理制成的，由电磁系统、延时机构和触点三部分组成。

3. 工作原理

以空气阻尼时间继电器为例，当线圈通电时，衔铁及托板被铁芯吸引而瞬时下移，使瞬时动作触点接通或断开。但是活塞杆和杠杆不能同时跟着衔铁一起下落，因为活塞杆的上端连着气室中的橡皮膜，当活塞杆在释放弹簧的作用下开始向下运动时，橡皮膜随之向下凹，上面空气室的空气变得稀薄而使活塞杆受到阻尼作用而缓慢下降。经过一定时间，活塞杆下降到一定位置，便通过杠杆推动延时触点动作，使动断触点断开，动合触点闭合。从线圈通电到延时触点完成动作，这段时间就是继电器的延时时间。延时时间的长短可以用螺钉调节空气室进气孔的大小来改变。吸引线圈断电后，继电器依靠恢复弹簧的作用而复原。空气经出气孔被迅速排出。空气阻尼时间继电器分为通电型与断电型，其结构与电路符号如图 4-8 和图 4-9 所示。

4. 常见种类

常见的时间继电器包括空气阻尼式时间继电器、电磁式时间继电器、电动式时间继电

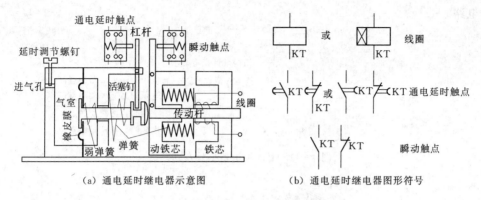

（a）通电延时继电器示意图　　　　（b）通电延时继电器图形符号

图 4-8　通电型时间继电器结构和电路符号

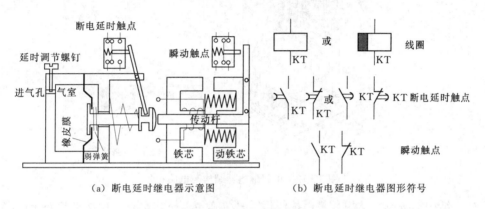

（a）断电延时继电器示意图　　　　（b）断电延时继电器图形符号

图 4-9　断电型时间继电器结构和电路符号

器、晶体管式时间继电器（又称为电子式时间继电器）、电子式时间继电器（图 4-10）。

5. 型号及含义

型号及含义如图 4-11 所示。

6. 中间继电器

中间继电器用于继电保护与自动控制系统中，以增加触点的数量及容量。它用于在控制电路中传递中间信号。中间继电器的结构和原理与交流接触器基本相同，与接触器的主要区别在于：接触器的主触点可以通过大电流，而中间继电器的触点只能通过小电流，只能用于控制电路中。它一般是没有主触点的，因为过载能力比较小，所以它用的全都是辅助触点，数量比较多。中间继电器结构与电路符号如图 4-12所示。

图 4-10　电子式时间继电器

四、主令电器

1. 控制按钮

（1）简介。按钮是一种手动操作、可以自动复位的主令电器，适用于交流 500V 或直流 440V、电流为 5A 以下的电路中。一般情况下，它不直接操作主电路的通断，而是在控制电路中发出"指令"，去控制接触器、继电器的线圈回路，再由它们的触点去控制相应的电路。

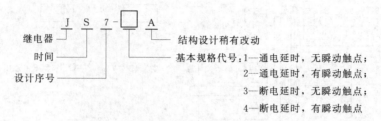

图 4-11 时间继电器型号及其含义

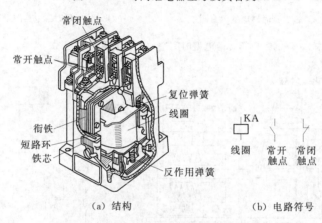

图 4-12 中间继电器结构与电路符号

（2）结构。按钮的结构一般由按钮帽、复位弹簧、桥式触点、静触点和外壳组成。按钮通常被制成具有常开常闭触点的复式结构。指示灯式按钮内可以装入信号灯以显示信号。

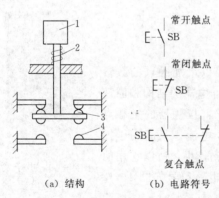

图 4-13 按钮结构与电路符号
1—按钮帽；2—复位弹簧；
3—动触点；4—静触点

为了便于识别各个按钮的作用，避免误动作，通常在按钮帽上作出不同标记或涂上不同的颜色。一般红色作为停止按钮，绿色作为启动按钮，若是正、反启动，则另外一个方向为黑色。

（3）工作原理。按钮工作原理很简单，对于常开触点，在按钮未被按下前电路是断开的，按下按钮后，常开触点被连通，电路也被接通；对于常闭触点，在按钮未被按下前，触点是闭合的，按下按钮后，触点被断开，电路也被分断。由于控制电路工作的需要，一只按钮还可带有多对同时动作的触点。按钮结构与电路符号如图 4-13 所示。

（4）常见种类。常见的按钮主要用作急停按钮、启动按钮、停止按钮、组合按钮（键盘）、点动按钮及复位按钮。目前常见种类有 LA18、LA19、LA20 和 LA25 等系列。

（5）型号及含义，如图 4-14 所示。

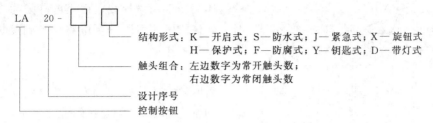

LA 20- □ □
结构形式：K—开启式；S—防水式；J—紧急式；X—旋钮式
H—保护式；F—防腐式；Y—钥匙式；D—带灯式
触头组合：左边数字为常开触头数；
右边数字为常闭触头数
设计序号
控制按钮

图 4-14 按钮型号及含义

2. 行程开关

（1）简介。行程开关常用于运料机、锅炉上煤机和某些机床进给运动的电气控制，如万能铣床、镗床等生产机械中常用到。行程控制电路可以使电动机所拖动的设备在每次启动后自动停止在规定的位置，然后由人工控制返回到规定的起始位置并停止在该位置。停止信号是由在规定位置上设置的行程开关发出的，该控制一般又称为限位控制。因此，行程开关是一种将机械信号转换为电信号的控制电器。

（2）结构。行程开关主要由操作头、触点系统和外壳组成。

（3）工作原理。以直动式为例，动作原理同按钮类似，所不同的是：一个是手动，另一个则由运动部件的撞块碰撞。当外界运动部件上的撞块碰压按钮使其触点动作，当运动部件离开后，在弹簧作用下，其触点自动复位。其结构与电路符号如图 4-15 所示。

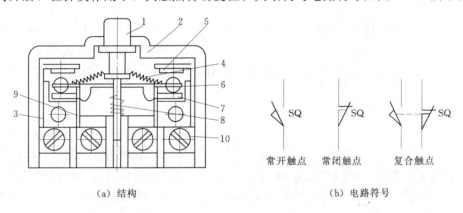

（a）结构

（b）电路符号

图 4-15 行程开关结构与电路符号

1—顶杆；2—外壳；3—常开静触点；4—触点弹簧；5、7—静触点；
6—动触点；8—复位弹簧；9—常闭静触点；10—螺钉和压板

（4）常见种类。行程开关根据操作头的不同分为直动式、单滚轮式和双滚轮式，其外形如图 4-16 所示。

（5）型号及含义，如图 4-17 所示。

五、低压熔断器

1. 简介

熔断器是低压配电网络和电力拖动系统中主要用作短路保护的电器。使用时，熔断器应串联在被保护的电路中。正常情况下，熔断器的熔体相当于一段导线；而当电路发生短路故障时，熔体能迅速熔断分断电路，起到保护线路和电气设备的作用。

2. 结构

熔断器主要由熔体和安装熔体的熔管（或熔座）两部分组成。熔体由易熔金属材料（如铅、锌、锡、银、铜及其合金）制成，通常制成丝状和片状。熔管是用于装熔体的，由陶瓷、绝缘钢纸或玻璃纤维制成，在熔体熔断时兼有灭弧的作用。

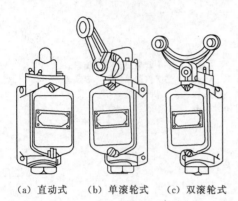

(a) 直动式　(b) 单滚轮式　(c) 双滚轮式

图 4-16　行程开关外形

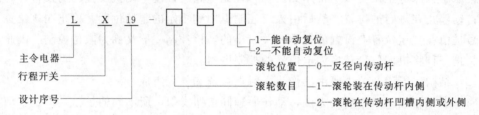

图 4-17　行程开关型号及其含义

3. 工作原理

熔断器的金属熔体是一个易于熔断的导体。当电路发生过负荷或短路故障时，通过熔体的电流增大，过负荷电流或短路电流对熔体加热，熔体由于自身温度超过熔点，在被保护设备的温度未达到破坏其绝缘之前熔化，将电路切断，从而使线路中的电气设备得到保护。

4. 常见种类

常用产品有瓷插式、螺旋式、填料式及自恢复式等，外形如图 4-18 所示。图 4-18 (d) 所示为 RT0 系列，其原理为熔体是两片网状紫铜片，中间用锡桥连接，熔体周围填满石英砂起灭弧作用，应用于交流 380V 及以下、短路电流较大的电力输配电系统中，作为线路及电气设备的短路保护及过载保护。图 4-18 (e) 所示为自恢复式，其原理为在

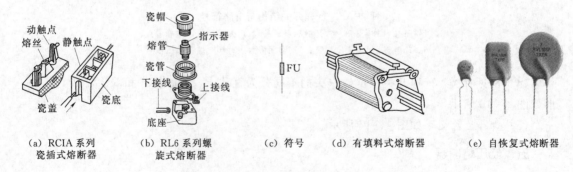

(a) RCIA 系列　(b) RL6 系列螺　(c) 符号　(d) 有填料式熔断器　(e) 自恢复式熔断器
瓷插式熔断器　　旋式熔断器

图 4-18　常用熔断器类型

故障短路电流产生的高温下，其中的局部液态金属钠迅速气化而蒸发，阻值剧增，即瞬间呈现高阻状态，从而限制了短路电流。当故障消失后，温度下降，金属钠蒸气冷却并凝结，自动恢复至原来的导电状态，应用于交流 380V 的电路中与断路器配合使用。熔断器的电流有 100A、200A、400A、600A 等 4 个等级。

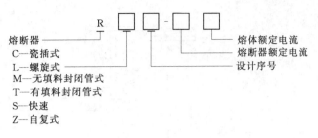

图 4-19　低压熔断器型号及其含义

5. 型号及含义

低压熔断器型号及含义如图 4-19 所示。

六、低压断路器

1. 简介

低压断路器又称自动空气开关。它是一种既能作为开关，又具有自动保护功能的低压电器。当电路发生过载、短路及失电压、欠电压等故障时，低压断路器能自动切断故障电路，有效地保护串接在它后面的电气设备。在正常情况下，低压断路器也可用于不频繁接通和断开电路及控制电动机。

2. 结构

低压断路器主要由触点、灭弧装置和各种脱扣器等几部分组成，触点用于通断电路；各种脱扣器由于检测电路异常状态并作出反应，即保护动作的部件；还有操作机构和自由脱扣机构，它们是中间联系部件。三极低压断路器外形及电路符号如图 4-20 所示。

3. 工作原理

自动空气开关的主触点是靠手动操作或电动合闸的。主触点闭合后，自由脱扣机构将主触点锁在合闸位置上。过电流脱扣器的线圈和热脱扣器的热元件与主电路串联，欠电压脱扣器的线圈和电源并联。当电路发生短路或严重过载时，过电流脱扣器的衔铁吸合，使自由脱扣机构动作，主触点断开主电路。当电路过载时，热脱扣器的热元件发热使双金属片向上弯曲，推动自由脱扣机构动作。当电路欠电压时，欠电压脱扣器的衔铁释放。也使自由脱扣机构动作。分励脱扣器则作为远距离控制用，在正常工作时，其线圈是断电的，在需要距离控制时，按下启动按钮，使线圈通电，衔铁带动自由脱扣机构动作，使主触点断开。塑料式低压断路器结构和电路符号如图 4-20 所示。

4. 常见种类

低压断路器按结构分有万能式（框架式）和塑料外壳式（装置式）两种。常用的塑料外壳式低压断路器作为电源引入开关，用于宾馆、机场、车站等大型建筑的照明电路，或作为控制和保护不频繁启动、停止的电动机开关，其操作方式多为手动，主要有扳动式和按钮式两种。万能式低压断路器主要用于供配电系统。

5. 型号及含义

塑料式低压断路器常用型号有 DZ5、DZ15、DZ20 等系列，其型号及含义如图 4-21 所示。

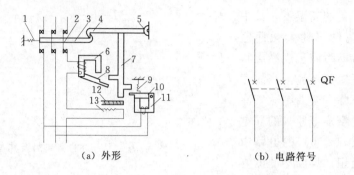

（a）外形　　　　　　　　　　（b）电路符号

图 4 - 20　塑料式低压断路器结构和电路符号

1—主弹簧；2—主触点；3—锁链；4—带钩；5—轴；6—电磁脱扣器；7—杠杆；8—电磁脱扣器衔铁；
9—弹簧；10—欠压脱扣器衔铁；11—欠压脱扣器；12—双金属片；13—热元件

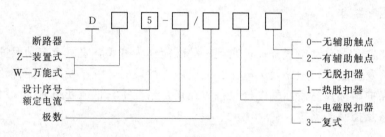

图 4 - 21　低压断路器型号及含义

七、低压隔离开关

1. 刀开关

（1）简介。刀开关广泛应用在低压成套配电装置中，用于不频繁地手动接通和分断交直流电路或起到隔离开关作用。它是手控电器中最简单而又使用较广泛的一种低压电器。

（2）结构。刀开关又称闸刀开关，是由操作手柄、闸刀式动触点、刀夹静触点及绝缘底板组成，依靠手动进行插入与脱离插座的控制。

（3）常见种类。刀开关种类很多，常见的有开启式负荷开关和封闭式开关两种。开启式负荷开关（瓷底胶盖开关）适用于照明、电热设备及功率在 5.5kW 以下的电动机控制。开启式负荷开关外形与电路符号如图 4 - 22 所示。

封闭式负荷开关又称为铁壳开关，其灭弧性能、通断能力和安全防护性能都优于开启式负荷开关，一般用来控制功率在 10kW 以下的电动机不频繁的直接启动。封闭负荷开关外形与电路符号如图 4 - 23 所示。

（4）型号及含义。如图 4 - 23 所示。

2. 组合开关

（1）简介。组合开关，又称转换开关，在电气控制线路中，是一种常被作为电源引入的开关，可以用它来直接启动或停止小功率电动机或使电动机正/反转、倒顺等。局部照明电路也常用它来控制。组合开关有单极、双极、三极、四极几种，额定持续电流有 10A、25A、60A、100A 等多种。

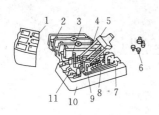  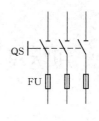

（a）开启式负荷开关　　　　（b）封闭式负荷开关　　　（c）电路符号

1—上胶盖；2—下胶盖；3—插座；
4—触刀；5—操作手柄；6—固定
螺母；7—进线端；8—熔丝；
9—触点座；10—底座；
11—出线端

1—触刀；2—插座；3—熔
断器；4—速断弹簧；5—转
轴；6—操作手柄

图 4-22　开启式与封闭式负荷开关结构、电路符号

（2）组合开关结构。组合开关由分装在多层绝缘体的动、静触片组成，适用于不频繁接通和分断电路。

（3）常见种类。组合开关有多个产品系列，常用的 HZ10 系列转换开关具有寿命长、使用可靠、结构简单等优点。当其方轴转动时带动触点来分断或接通相应的静触点；由于操作机构中扭转弹簧的储能作用，能获得快速动作，从而提高触点的通断能力。组合开关结构和电路符号如图 4-24 所示。

（4）型号及含义，如图 4-25 所示。

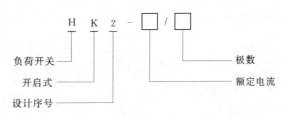

图 4-23　刀闸的型号及含义

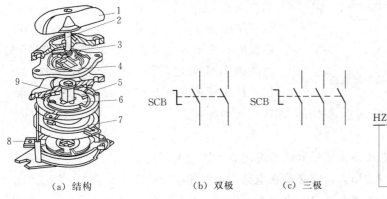

（a）结构　　　　（b）双极　　　（c）三极

图 4-24　组合开关外形和电路符号

1—手柄；2—转轴；3—弹簧；4—凸轮；5—绝缘垫板；6—动触点；
7—静触点；8—接线柱；9—绝缘方轴

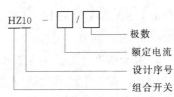

图 4-25　组合开关型号及含义

知识点三　典型低压电气控制原理分析及安装工艺

一、点动长动控制线路

1. 线路构成

图4-26所示为点动、长动控制线路，其主电路主要由刀开关QS、熔断器FU_1、接触器主触点KM、热继电器FR的热元件和电动机M构成。其控制电路主要由熔断器FU_2、热继电器FR的动断触点、按钮SB_1、SB_2、复合按钮SB_3和接触器KM的动合辅助触点组成。

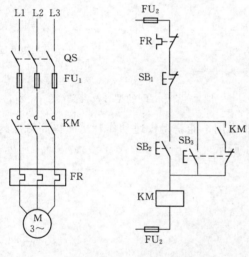

图4-26　点动、长动控制线路

2. 工作原理

合上QS，接通三相电源，启动准备就绪。当需要点动时，按下SB_3按钮，线圈KM通电，其主触点闭合，动合辅助触点也闭合，但由于复合按钮SB_3动断触点的断开，使得无法实现自锁，因此，松开SB_3时，线圈KM失电，从而实现点动控制。这可以用于机床上的对刀等。当需要长动正常运行时，按下SB_2按钮，线圈KM通电，其主触点和动合辅助触点闭合，实现自锁，松开SB_2，电动机还是能够正常转动，实现长动控制。停机时，按下SB_1按钮，切断控制电路，导致线圈KM失电，其主触点和辅助触点复位，从而切断三相电源，电动机停止转动。

因此，SB_1为停止按钮，SB_3为点动按钮，SB_2为长动按钮。

3. 保护环节

由于在生产运行中会有很多无法预测的情况出现，因此为了工业生产能够安全、顺利地进行，减少生产事故造成的损失，有必要在电路中设置相应保护环节。其中，短路保护主要通过熔断器FU来保护，在电路中电流过大时熔断，切断电路；过载保护主要通过热继电器FR来实现，在长时间过载运行时，FR的动断触点断开，切断控制电路，KM主触点也复位，切断三相电源，停止运行；而欠压和失压情况下，主要是依靠接触器KM本身的电磁机构来实现。

二、正/反转控制线路

在工业控制中，各种生产机械常常要求具有上、下、左、右、前、后等相反方向的可逆运行，如车床刀具的前进、后退，钻床的上升、下降，带轮的左右传送等。这些都要求电动机能够实现正、反转运行。由电动机原理可知，只需要将三相电源进线中的任意两条线对调就可以实现电动机的反转。因此，可逆运行的实质就是两个方向相反的单向运行线路，图4-27所示为正、反转控制的典型线路之一。

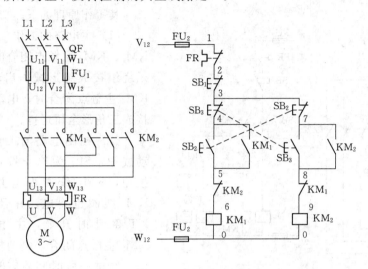

图4-27 正、反转运行控制线路

为了防止由于误操作而引起相间短路，有必要在控制线路中加入互锁环节。图4-27所示电路中除了继电器的互锁，还加入了按钮互锁，即在正转运行情况下可以直接切换到反转，而不需要先按停止按钮。

其工作原理如下。

闭合电源开关 QF。按下 SB$_2$ 按钮，KM$_1$ 线圈得电，KM$_1$ 辅助常开触点闭合，实现自锁，KM$_1$ 主触点闭合，电动机正向启动运行。当需要改变电动机的转向时，只要按下复合按钮 SB$_3$ 就可以了。由于复合按钮的动作特点是常闭触点先断开、常开触点后闭合，当按下 SB$_3$ 按钮时，其常闭触点先断开，使 KM$_1$ 线圈失电，KM$_1$ 所有触点复位，电动机断开正向电源，SB$_3$ 常开触点后闭合，使 KM$_2$ 线圈得电，KM$_2$ 辅助常开触点闭合，实现自锁，KM$_2$ 主触点闭合，电动机实现反转。这就确保了正反转接触器主触点不会因同时闭合而发生两相电源短路的事故了。

三、时间继电器控制的星-三角降压启动控制线路

电动机星-三角降压启动是指电动机正常运行时，线圈绕组为三角形接法的电动机，电动机在运行时，每相绕组所承受的电压是线电压，也就是380V电压，人们为了减小电动机启动电流，所以在电动机启动时，把绕组通过接触器改接成星形，这时每相绕组所承受的电压是相电压，即220V电压，电压小了，所以电流也跟着降低了，降低原来电流的 $1/\sqrt{3}$，达到了减小启动电流的目的。其好处是，减小电动机因启动电流很大造成对系统的冲击，适合电源容量相对较小的系统。另外，可减小机械冲击，但因为电压的降低，电动机的启动转矩降低为原来的 $1/3$，这是它的缺点，但在启动转矩要求不太大的机械设备

中，可以满足机械要求，当电动机达到或接近额定转速时，再通过接触器由星形接法，转换成三角形接法，开始在额定电压下运形，当然在电网允许的情况下，或要求启动转矩大等，看其情况也可直接启动。图4-28所示为时间继电器控制的星-三角降压启动控制线路。

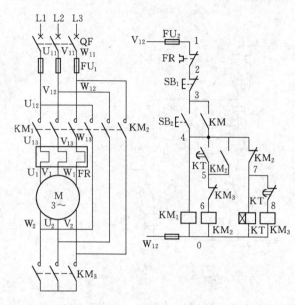

图4-28 时间继电器控制的星-三角降压启动控制线路

其工作原理如下。

（1）主电路的工作。闭合QF，当KM_1、KM_3主触点闭合时，电动机定子绕组接成星形减压启动；当KM_1、KM_2主触点闭合时，电动机定子绕组接成三角形全压运行。

（2）控制电路的工作。SB_2为启动按钮，SB_1为停止按钮，按下SB_2按钮，KM_1线圈得电并自锁，KT、KM_3线圈也得电，并且时间继电器KT倒计时开始，主电路中KM_1、KM_3主触点闭合，电动机为三角形接法，经过一段时间后定时时间到，通电延时型时间继电器的延时触点动作，延时常闭断开，则KM_3线圈断电；延时常开闭合，KM_2线圈得电并自锁。

主电路中KM_1、KM_2主触点闭合电动机为星形接法。故在该电路中KM_1、KM_3为三角形接法，KM_1、KM_2为星形接法，这个变换过程是由时间继电器来完成的。

四、安装工艺及要求

（1）安装前应检查各元件是否良好。

（2）安装元件不能超出规定范围。

（3）导线连接可用单股线（硬线）或多股线（软线）连接。用单股线连接时，要求连线横平竖直，沿安装板走线，尽量少出现交叉线，拐角处应为直角。布线要美观、整洁、便于检查。用多股线连接时，安装板上应搭配有线槽，所有连线沿线槽内走线。

（4）导线线头裸露部分不能超过2mm。

（5）每个接线柱不允许超过两根导线，导线与元件连接要接触良好，以减小接触电阻。

（6）导线与元件连接处是螺钉的，导线线头要沿顺时针方向绕线。

五、安装电气控制线路的方法和步骤

安装电动机控制线路时，必须按照有关技术文件执行。电动机控制线路安装步骤和方法如下：

（1）阅读原理图。明确原理图中的各种元器件的名称、符号、作用，理清电路图的工作原理及其控制过程。

（2）选择元器件。根据电路原理图选择组件并进行检验，包括组件的型号、容量、尺寸规格和数量等。

（3）配齐需要的工具、仪表和合适的导线。按控制电路的要求配齐工具、仪表，按照控制对象选择合适的导线，包括类型、颜色、截面积等。电路 U、V、W 三相用黄色、绿色、红色导线，中性线（N）用黑色导线，保护接地线（PE）必须采用黄绿双色导线。

（4）安装电气控制线路。根据电路原理图、接线图和平面布置图，对所选组件（包括接线端子）进行安装接线。要注意组件上的相关触点的选择，区分常开、常闭、主触点、辅助触点。控制板的尺寸应根据电器的安排情况决定。导线线号的标志应与原理图和接线图相符合。在每一根连接导线的线头上必须套上标有线号的套管，位置应接近端子处。线号编制方法如下。

1）主电路。三相电源按相序自上而下编号为 L1、L2、L3；经过电源开关后，在出线端子上按相序依次编号为 U_{11}、V_{11}、W_{11}。主电路中各支路的编号应从上至下、从左至右，每经过一个电器元件的线桩后，编号要递增，如 U_{11}、V_{11}、W_{11}，U_{12}、V_{12}、W_{12}、…。单台三相交流电动机（或设备）的 3 根引出线按相序依次编号为 U、V、W（或用 U_1、V_1、W_1 表示），多台电动机引出线的编号，为了不致引起误解和混淆，可在字母前冠以数字来区别，如 1U、1V、1W，2U、2V、2W、…。

2）控制电路与照明、指示电路。应从上至下、从左至右，逐行用数字来依次编号，每经过一个电器元件的接线端子，编号要依次递增。

（5）连接电动机及保护接地线、电源线及控制电路板外部连接线。

（6）线路静电检测。包括学生自测和互测及教师检查。

（7）通电试车。

（8）结果评价。

六、电气控制线路安装时的注意事项

（1）不触摸带电部件，严格遵守"先接线后通电，先接电路部分后接电源部分；先接主电路，后接控制电路，再接其他电路；先断电源后拆线"的操作程序。

（2）接线时，必须先接负载端，后接电源端；先接接地端，后接三相电源相线。

（3）发现异常现象（如发响、发热、焦臭），应立即切断电源，保持现场，报告指导教师。

（4）注意仪器设备的规格、量程和操作程序，做到不了解性能和用法，不随意使用设备。

七、通电前检查

控制线路安装好后，在接电前应进行以下项目的检查：

（1）各个元件的代号、标记是否与原理图上的一致和齐全。

（2）各种安全保护措施是否可靠。

（3）控制电路是否满足原理图所要求的各种功能。

（4）各个电气元件安装是否正确和牢靠。

（5）各个接线端子是否连接牢固。

（6）布线是否符合要求、整齐。

（7）各个按钮、信号灯罩和各种电路绝缘导线的颜色是否符合要求。

（8）电动机的安装是否符合要求。

（9）保护电路导线连接是否正确、牢固、可靠。

（10）检查电气线路的绝缘电阻是否符合要求。

其方法是：短接主电路、控制电路和信号电路，用 500V 兆欧表测量与保护电路导线之间的绝缘电阻不得小于 0.5MΩ。当控制电路或信号电路不与主电路连接时，应分别测量主电路与保护电路、主电路与控制电路和信号电路、控制电路和信号电路与保护电路之间的绝缘电阻。

八、空载例行试验

通电前应检查所接电源是否符合要求。通电后应先点动，然后验证电气设备的各个部分的工作是否正确和操作顺序是否正常。特别要注意验证急停器件的动作是否正确。验证时，如有异常情况必须立即切断电源查明原因。

九、负载形式试验

在正常负载下连续运行，验证电气设备所有部分运行的正确性，特别要验证电源中断和恢复时是否会危及人身安全、损坏设备。同时要验证全部器件的温升不得超过规定的允许温升，并且在有载情况下验证急停器件是否仍然安全有效。

技能训练一　三相异步电动机正、反转控制电路安装训练

一、训练步骤

1. 识读电路图

如图 4 - 27 所示，控制电路中要求接触器 KM_1 和 KM_2 不能同时通电；否则它们的主触点会同时闭合，这将造成 L1、L3 两相电源短路，为此除了采用接触器互锁，即在 KM_1 和 KM_2 线圈回路中相互串联了对方的一对辅助常闭触点，以保证 KM_1 和 KM_2 线圈不会同时得电外，还设置了按钮互锁，将正、反向启动的常闭触点串接在反、正转接触器线圈的回路中，也起到了互锁作用。

2. 电路安装接线

按工艺要求完成接触器-按钮双重互锁的正反转控制电路的安装接线。

3. 电路断电检查

（1）按电气原理图或电气安装接线图从电源端开始，逐段核对接线及接线端子处是否正确，有无漏接、错接之处。

（2）用万用表检查电路的通断情况。对控制电路进行检查时（可断开主电路），将万用表的两个表笔分别搭在 FU_2 两个出线端上（V_{12} 和 W_{12}），此时读数为"∞"。按下正转启动按钮 SB_2 或反转按钮 SB_3 时，读数为接触器 KM_1 和 KM_2 线圈的电阻值；用手压下 KM_1 和 KM_2 的衔铁，使 KM_1 和 KM_2 的常开触点闭合时，读数也为 KM_1 和 KM_2 线圈的电阻值。同时按下 SB_2 和 SB_3 或者同时按下 KM_1 和 KM_2 的衔铁时，万用表此时读数为"∞"。

对主电路进行检查时，电源线 L1、L2、L3 先不要通电，闭合 QF，用手压下接触器 KM_1 或 KM_2 的衔铁来代替接触器得电吸合的情况进行检查，依次测量从电源端到电动机端子上的每一相电路的电阻值，检查是否存在开路或接触不良现象。

4. 通电试车及故障排除

通电试车，操作相应的按钮，观察各电器的动作情况。操作过程中，如果出现不正常现象，应立即断开电源，分析故障原因，用万用表仔细检查电路，在指导教师的认可下才能再次通电调试。

二、技能考核

1. 考核任务

（1）在规定时间内按工艺要求完成具有接触器－按钮双重互锁的正反转控制电路的安装接线，且通电试验成功。

（2）安装工艺应达到基本要求，线头长短应适当且接触良好。

（3）遵守安全规程，做到文明生产。

2. 考核要求

安装接线标准见表 4-1。

表 4-1 安 装 接 线 标 准

项目内容	要　　求	评分标准
连接线端	对于螺栓式接点，在导线连接时，应打羊眼圈，并按顺时针方向旋转。对于瓦片式接点，在导线连接时，直线插入接点固定即可	每处错误扣 2 分
	严禁损伤线芯和导线绝缘层，接点上不能露铜丝过长	每处错误扣 2 分
	每个接线端子上连接的导线根数一般不超过两根，并保证接线牢固	每处错误扣 1 分
线路工艺	布线合理，做到横平竖直，布线整齐，各接点不能松动	每处错误扣 1 分
	导线变换走向要弯成直角，并做到高低一致或前后一致	每处错误扣 1 分
	避免交叉线、架空线、绕线、人字线和叠线	每处错误扣 2 分
	导线折弯成直角	每处错误扣 1 分
整体布局	板面线路应合理汇集成线束	每处错误扣 1 分
	进出线应合理汇集在端子排上	每处错误扣 1 分
	整体布线应合理美观	酌情扣分

技能训练二 三相异步电动机星-三角降压启动电路安装训练

一、训练步骤

1. 识读电路图

电动机定子绕组的连接方式如图4-29所示。

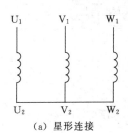
（a）星形连接

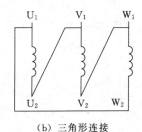
（b）三角形连接

图4-29 定子绕组接线方式

电路组成如图4-30所示，电路中采用 KM_1、KM_2 和 KM_3 这3只接触器，当 KM_1 主触点闭合时，接入三相交流电源，当 KM_3 主触点闭合时，电动机定子绕组接成星形；当 KM_2 主触点闭合时，电动机定子绕组接成三角形。电路要求接触器 KM_2 和 KM_3 线圈不能同时通电，否则它们的主触点同时闭合将造成主电路电源短路。为此，在 KM_2 和 KM_3 线圈的各自回路中串联了对方的一对常闭触点来实现电气互锁，以保证 KM_2 和 KM_3 不能同时得电。KM_2 的辅助常闭触点串联在 KM_3 和 KT 线圈的公共支路中，当电动机在正常全压状态下时，使 KT 线圈断电，避免时间继电器长时间工作。在控制电路中，利用通电延时型时间继电器实现 KM_2 和 KM_3 线圈的得电切换。

2. 电路安装接线

按工艺要求完成按钮切换的星-三角减压启动控制电路的安装接线。

（1）按钮内部的接线不要接错，启动按钮必须接常开触点（用万用表的欧姆挡判别）。

（2）采用星-三角减压启动的电动机，必须有6个出线端子（即接线盒内的连接片要拆开），并且定子绕组在三角形连接时的额定电压应等于380V。

（3）接线时要保证电动机三角形连接的正确性，即接触器 KM_2 主触点闭合时，应保证定子绕组的 U_1 与 W_2、V_1 与 U_2、W_1 与 V_2 相连接。

（4）接触器 KM_3 的进线必须从三相定子绕组的末端引入，若误将其首端引入，则在 KM_3 线圈吸合时将会产生三相电源短路的事故。

3. 电路断电检查

（1）按电气原理图或电气安装接线图从电源端开始，逐段核对接线及接线端子处是否

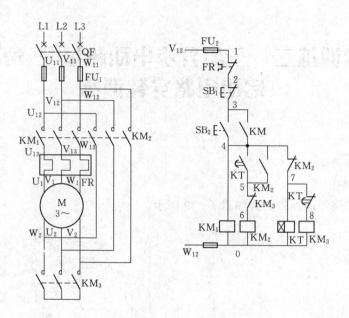

图 4-30 时间继电器控制的星-三角降压启动控制线路

正确，有无漏接、错接之处。

（2）用万用表检查电路的通断情况。对控制电路进行检查时（可断开主电路），将万用表的两个表笔分别搭在 FU_2 两个出线端上（V_{12} 和 W_{12}），此时读数为"∞"。按下启动按钮 SB_2 时，读数为接触器 KM_1、KT 和 KM_3 线圈并联值；用手按下 KM_1 衔铁，使 KM_1 常开触点闭合，读数也为接触器 KM_1、KT 和 KM_3 线圈并联值。

对主电路进行检查时，电源线 L1、L2、L3 先不要通电，闭合 QF，用手压下接触器 KM_1 的衔铁来代替接触器得电吸合的情况进行检查，依次测量从电源端到电动机端子上的每一相电路的电阻值，检查是否存在开路现象。

4. 通电试车及故障排除

通电试车，操作相应的按钮，观察各电器的动作情况，操作过程中，如果出现不正常现象，应立即断开电源，分析故障原因，用万用表仔细检查电路，在指导教师的认可下才能再次通电调试。

二、技能考核

1. 考核任务

（1）在规定时间内按工艺要求完成按钮切换的星形-三角形减压启动控制电路的安装接线，且通电试验成功。

（2）安装工艺应达到基本要求，线头长短应适当且接触良好。

（3）遵守安全规程，做到文明生产。

2. 考核要求

安装接线标准见表 4-2。

表 4 - 2   安 装 接 线 标 准

项目内容	要　　求	评分标准
连接线端	对于螺栓式接点，在导线连接时，应打羊眼圈，并按顺时针方向旋转。对于瓦片式接点，在导线连接时，直接插入接点固定即可	每处错误扣 2 分
	严禁损伤线芯和导线绝缘层，接点上不能露铜丝过长	每处错误扣 2 分
	每个接线端子上连接的导线根数一般不超过两根，并保证接线牢固	每处错误扣 1 分
线路工艺	布线合理，做到横平竖直，布线整齐，各接点不能松动	每处错误扣 1 分
	导线变换走向要弯成直角，并做到高低一致或前后一致	每处错误扣 1 分
	避免交叉线、架空线、绕线、人字线和叠线	每处错误扣 2 分
	导线折弯成直角	每处错误扣 1 分
整体布局	板面线路应合理汇集成线束	每处错误扣 1 分
	进出线应合理汇集在端子排上	每处错误扣 1 分
	整体布线应合理、美观	酌情扣分

附表1 电工仪表标记符号

一、电源、端钮及调零器的符合

名　称	符　号	名　称	符　号
直流	——	与屏蔽相连接的端钮	
交流（单相）		接地端钮	
直流和交流		注意：遵照使用说明书及质量合格证明书规定	
具有单元件的三相平衡负载的交流		与外壳相连接的端钮	
公共端钮（多量程仪表）		与仪表可动线圈连接的端钮	
电源端钮（功率表、无功功率表、相位表）		调零器	

二、常用电气测量仪表按工作原理分组的名称及符号

名　称	符　号	名　称	符　号
磁电系仪表		铁磁电动系仪表	
磁电系比率表		铁磁电动系比率表	
电磁系仪表		感应系仪表	
电磁系比率表		静电系仪表	
电动系仪表		整流系仪表	
电动系比率表		热电系仪表	

三、准确度等级及工作位置符号

名　称	符　号	名　称	符　号
以标度尺上量程百分数表示的准确度等级，如 1.5 级	·1.5	标度尺位置为垂直的	⊥
以标度尺长度百分数表示的准确度等级，如 1.5 级	∨1.5	标度尺位置为水平的	⌐
以指示值的百分数表示的准确度等级，如 1.5 级	(1.5)	标度尺位置与水平面倾斜成一角度，如 60°	∠60°

四、按外界条件分组的名称及符号

名　称	符　号	名　称	符　号
Ⅰ级防外磁场（如磁电系）	⌂	A 组仪表	△A
Ⅰ级防外电场（如静电系）	⊥	A₁ 组仪表	△A₁
Ⅱ级防外磁场及电场	Ⅱ Ⅱ	B 组仪表	△B
Ⅲ级防外磁场及电场	Ⅲ Ⅲ	B₁ 组仪表	△B₁
Ⅳ级防外磁场及电场	Ⅳ Ⅳ	C 组仪表	△C

附表 2 电气图常用图形符号

图形符号	说明	图形符号	说明
	直流		分路器
	交流		电热元件
	接地一般符号		滑动触点电位器
	保护接地		电容器的一般符号
	接机壳或底板		有极性电容
	3 根导线		微调电容
	导线连接		电感器符号
	端子		带磁芯的电感器
	可拆卸端子		压电晶体
	插座（内孔的）或插座的一个级		二极管
	插头		发光二极管
	电阻		稳压二极管
	光耦合器		电池及电池组
	直流发电机		动合（动合触点）
	直流电动机		动断（动断触点）
	交流发电机		先断后合转换触点
	交流电动机		手动开关
	三相交流异步电动机		动合按钮开关
	变压器		动断按钮开关
	自耦变压器		多位置开关

图形符号	说明	图形符号	说明
	可调电阻		天线
U	压敏电阻		双向二极管
t	热敏电阻		反向阻断三极晶闸管
	具有 N 型双基的单结晶体管		双向三极晶体闸流管
	结型场效应管（N 型沟道）		PNP 晶体管
	绝缘栅型场效应管（P 沟道）		集电极接管壳的 NPN 晶体管
	光电晶体管		单向可调自耦变压器
	电流互感器		多级开关
	继电器、接触器线圈		隔离开关
	传声器		接触器动断触点
	扬声器		断路器
V	电压表		熔断器
	电流表		灯的一般符号
∞	运算放大器		蜂鸣器

199

附表3 照明施工图形符号

序号	图形符号	名称及说明	序号	图形符号	名称及说明
1		灯一般符号 信号灯一般符号 如果要求指出颜色，则在靠近符号处标出下列文字符号：RD—红；YE—黄；GN—绿；BU—蓝；WH—白。 如果要求指出灯的类型，则在靠近符号处标出下列文字符号；IN—白炽灯；FL—荧光灯；LED—发光二极管灯	13		定时开关
			14		钥匙开关
			15		拉线开关
			16		暗装风扇调速开关
2		投光灯（一般符号）	17		架空交接箱
3		聚光灯	18		壁盒交接箱
4		泛光灯	19		分线盒（一般符号）
5		荧光灯			
6		壁灯	20		室内分线盒
7		吸顶灯			
8		风扇（一般符号）	21		分线箱
9		插座一般符号			
10		闭路电视插座	22		壁盒分线箱
11		开关一般符号	23		预留排风扇接线盒
12		两路双极开关： 暗装双控开关 带指示灯暗装双控开关	24		三极低压断路器
			25		二极低压断路器
			26		户内照明配电箱

序号	图形符号	名称及说明	序号	图形符号	名称及说明
27		住户电能表配电箱	31		导线走向： (1) 导线引上，导线引下；
28		熔断器的一般符号			(2) 导线由上引来，导线引下引来；
29	▼±0.00	安装或敷设高度			(3) 导线引上并引下； (4) 导线由上引来并引下； (5) 导线由下引来并引上
30		导线根数： (1) 表示 2 根； (2) 表示 3 根数； (3) 表示 4 根数； (4) 表示 4 根数以上	32		显出配线的照明引出线
			33		在墙上的照明引出线 （显出来自左边的配线）

附表4 荧光灯故障及检修

一、荧光灯管不能发光或发光困难

故 障 原 因	检 修 方 法
电源电压过低或电源线路较长造成电压降过大	调整电源电压，线路较长时应加粗导线
镇流器与灯管规格不配套或镇流器内部断路	更换与灯管配套的镇流器
灯管灯丝断丝或灯管漏气	用万用表检测灯管两头有无断丝，有断丝应更换灯管；观察荧光灯有无变色，表面有无开裂，是否漏气等，若存在类似问题均应更换新荧光灯管
启辉器陈旧损坏或内部电容器短路	用万用表检查启辉器中的电容器是否短路，如短路应更换新启辉器
新装荧光灯接线错误	按照荧光灯线路图检查线路各部位接线是否正确，若接错应断开电源及时更正
灯管与灯脚或启辉器与启辉器座接触不良	一般荧光灯灯座与灯管接触处最容易接触不良，应检查修复，重新装的启辉器与启辉器座要有良好配接。最后检查各个接线端子的螺钉是否紧固
气温太低难以启辉	进行灯管加热、加罩或换用低温灯管

二、噪声太大或受无线电干扰

故 障 原 因	检 修 方 法
镇流器质量较差或铁芯硅钢片未夹紧	更换新的配套镇流器，或紧固硅铜片铁芯
电路上的电压过高，引起镇流器发出声音	用万用表测量电路电压。如电压过高，要找出原因，设法降低线路电压
启辉器质量较差引起启辉时出现杂声	更换新启辉器
镇流器过载或内部有短路处	检查镇流器过载原因（如是否与灯管配套、电压前段是否过高、气温是否过高、有无短路现象等），经处理后，更换新镇流器
启辉器内电容器失效开路，或电路中某处接触不良	更换启辉器或在电路上加装电容器或在进线上加滤波器来解决
电视机或收音机与荧光灯距离太近，引起干扰	电视机、收音机与荧光灯的距离要尽可能离远些

三、荧光灯灯头抖动及灯两头发光

故 障 原 因	检 修 方 法
荧光灯接线有误或灯座与灯管接触不良	对照荧光灯线路图检查实际线路，更正错误线路，修理加固灯脚接触点
电源电压太低或线路太长；导线太细，导致电压降太大	检查线路及电源电压，有条件时调整电压或加粗导线截面积
启辉器本身短路或启辉器座两接触点短路	更换启辉器，修复启辉器座的触片或更换启辉器座
镇流器与灯管不配套或内部接触不良	更换适当的镇流器，加固接线
灯丝上电子发射物质耗尽，放电作用降低	换新荧光灯管

四、荧光灯两头发黑或产生黑斑

故　障　原　因	检　修　方　法
电源电压过高	用万用表测电源电压是否过高，若电压超过 220V，则应调整线路或处理电压升高的故障
启辉器质量不好，接线不牢，引起长时间的闪烁	换新启辉器，检查接线点
镇流器与荧光灯管不配套	更换与荧光灯管配套的镇流器
灯管内水银凝结（细灯管常见现象）	启动后灯管内水银凝结会蒸发，也可将灯管旋转 180°后再使用
启辉器短路，使新灯管阴极发射物质加速蒸发而老化，更换新启辉器后，也有此现象	更换新的启辉器和新的灯管
灯管使用时间过长，老化陈旧	灯管两头发黑严重，且常常自动熄灭又自动启辉时，要更换新灯管

五、荧光灯寿命太短或瞬间烧坏

故　障　原　因	检　修　方　法
镇流器与荧光灯管不配套	换接一个与荧光灯管配套的新镇流器
镇流器质量差或镇流器自身有短路，致使加到灯管上的电压过高（这种情况一般会造成荧光灯通电时瞬间烧毁）	镇流器质量差或有短路处时，要及时更换新镇流器
电源电压太高	用万用表测电源电压，电压过高会影响荧光灯管寿命，找出电压过高的原因，加以处理
开关次数太多或启辉器质量差引起长时间灯管闪烁	尽可能减少开关荧光灯的次数，或更换新的启辉器
荧光灯管受到震动，致使灯丝震断或漏气	改善安装位置，避免强烈震动，然后再换新灯管
新装荧光灯接线有误	对照荧光灯接线图，更正线路接错之处

六、荧光灯亮度降低

故　障　原　因	检　修　方　法
温度太低或冷风直吹灯管	加防护罩并回避冷风直吹
灯管老化陈旧	严重时更换新灯管
线路电压太低或压降太大	检查线路电压太低的原因，有条件时可调整线路或加粗导线使电压升高
灯管上积垢太多	断电后清洗灯管并做烘干处理

七、在关灯后夜晚荧光灯有时会有微弱亮光

故　障　原　因	检　修　方　法
更换新灯管后出现的暂时现象	换新灯管后常见这种现象，一般使用一段时间后即可好转，有时将灯管两端对调一下即可正常
荧光灯启辉器质量不佳或损坏	换新启辉器
镇流器与荧光灯不配套或有接触不良处	调换与荧光灯管配套的镇流器，或检查接线有无松动，进行加固处理

八、荧光灯闪烁或光有滚动

故 障 原 因	检 修 方 法
更换新灯管后出现的暂时现象	换新灯管后常见这种现象，一般使用一段时间后即可好转，有时将灯管两端对调一下即可正常
荧光灯启辉器质量不佳或损坏	换新启辉器
镇流器与荧光灯不配套或有接触不良处	调换与荧光灯管配套的镇流器，或检查接线有无松动，进行加固处理

九、荧光灯的镇流器过热

故 障 原 因	检 修 方 法
电源电压过高	查找电源电压过高的原因，并加以处理
镇流器质量差，线圈内部匝间短路或接线不牢	用螺丝刀旋紧接线端子，必要时更换新镇流器
灯管闪烁时间过长	检查闪烁原因，接触不良时要加固处理，启辉器质量差要更换，荧光灯管质量差引起闪烁现象严重时也需更换
新装荧光灯接线有误	对照荧光灯线路图，查对接线有无错误，有误时要进行更正
镇流器与荧光灯管不配套	更换与荧光灯管配套的镇流器

参 考 文 献

［1］ 张光武. 现场急救及护理知识. 北京：金盾出版社，2009.

［2］ 蔡镇坤，等. 图解触电急救与意外伤害急救. 北京：中国电力出版社，2009.

［3］ 钟南山. 家庭急救图解手册. 北京：科学出版社，2008.

［4］ 傅远东，等. 心肺复苏和创伤急救. 上海：上海市新闻出版社，2007.

［5］ 国家电网公司安全监察质量部. 国家电网公司电力安全工作规程抽考复习题. 北京：中国电力出版社，2010.

［6］ 中国电力企业联合会标准化管理中心. 国家标准《电力（业）安全工作规程》条文解读本（发电厂和变电站电气部分）. 北京：中国电力出版社，2013.

［7］ 任致程. 电工仪表经典应用电路. 北京：机械工业出版社，2006.

［8］ 黄海平，等. 新建筑电工实用技术一点能. 郑州：河南科学技术出版，2008.

［9］ 杨清德. 轻轻松松学电工技能篇. 北京：人民邮电出版社，2008.

［10］ 程红杰. 电工工艺实习. 北京：中国电力出版社，2002.

［11］ 曾祥富. 电工技能与训练. 北京：高等教育出版社，2000.

［12］ 尤海峰. 电工技能实训. 北京：中国电力出版社，2015.